ゼロから学ぶ
電子回路

秋田純一

なんだかよくわからないのですが、まず2つの入力端子に加える電圧の差がV+ − V−です。そしてそれをA倍したものが出力VOである、というわけですね。とりあえずA倍しているわけですから、まあ増幅器と考えていいでしょう。でもただの増幅器ではなく、「2つの入力の差」を増幅してくれるわけです。このような増幅器を、演算増幅器（Operational Amplifier）と呼びます。この演算増幅器、ふつうは英語名を略してOP-AMP（オペアンプ）と呼ぶことが多いので、こちらの呼び方を覚えておきましょう。　このオペアンプのAですが、これはどれぐ

らい増幅するか、という数値ですから、増幅率と呼びます。ただし、オペアンプというのは、この増幅率がべらぼうに大きく、例えば100万倍（10^6）もあるものも珍しくありません。100万倍と一口にいっても、これはものすごく大きな値です。例えば、100万分の1[V]（1[μV]）の入力の差が1[V]になって出てくるわけです。そこいらのアンプとは比べ物になりません。つまり、このオペアンプ、ただの増幅器ではなくて、2つの入力の差をとり、それをものすごく大きく増幅する増幅器、というわけです。

講談社

はじめに

　以前、友人から『新説・ドラえもんの最終回』という文章を見せてもらったことがあります。お話自体は長いのですが、筋はこんな感じです。
　——ドラえもんが、ある日突然、バッテリーが切れて動かなくなってしまいます。しかし、事情により未来の世界では修理ができないことをのび太は知り、自分でドラえもんを直そうと科学技術を志します。果たしてのび太は技術者として大成し、ついにドラえもんを直してしまう——
　このお話の中ののび太と同じように、私自身、科学技術を志して大学のころから電子回路について勉強や研究をしているわけですが、この『ドラえもんの最終回』のお話を読んで、ふとこんなことを考えました。
　「自分がいま電子回路について勉強や研究をしているのは、どうしてなんだろう？」
　のび太には、ドラえもんを直すという目的があったわけですが、私にはどんな目的、きっかけがあったのか。これから電子回路を勉強する皆さんの参考になるかどうかわかりませんが、少しお話しようと思います。

　私の父はエアコン一筋のエンジニアです。私が物心ついたときには、ド

ライバやペンチやら、わけのわからないネジやらが家中に転がっていました。

　私はそういう光景が当然である環境に育ったわけですが、小学3年生のある日突然、父が『初歩のラジオ』という、いろんな電子工作の記事がたくさん載っている雑誌を買ってきてくれたのです。そこには、学研の図鑑で見たことのあるトランジスタや抵抗器、コンデンサなどの絵や写真の数々…。それが、電子回路との出会いでした。

　次の休みの日、父は電子部品がいっぱいつまった小さな袋を買ってきて、半田ごてを使ってなにやら作りはじめました。

　次の休みの日も父は出かけていって、また、電子部品のいっぱいつまった小さな袋を持って帰ってきました。次の休みも，次の休みも──

　当時の私には、この小さな袋が、なんだかよくわからないけど、わくわくさせてくれる、まるで、宝物がつまった魔法の袋のように見えました。

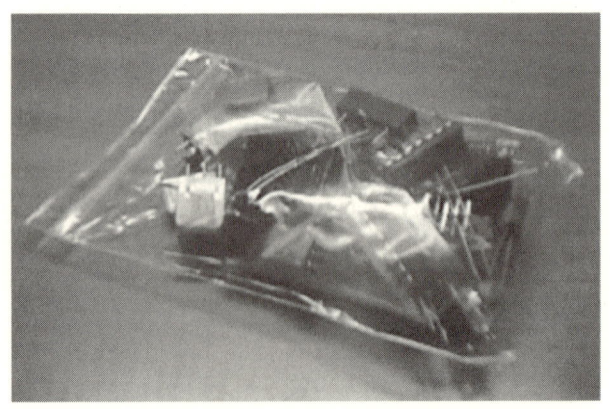

　数ヵ月後、父は電子部品を買いに私を連れて行きました。名古屋の上前津のカトー無線という電器屋です。その5階には、電子部品が所狭しと

売られていました。そして、父が私の見ている前で、「これと、これと」と、欲しい部品だけを選んで取り皿にとっていき、レジのところで勘定をすませると、お店のおじさんは手馴れた手つきで、選んだ部品を小さな袋につめてくれました。なんだか、お菓子屋さんで自分の大好きなお菓子だけを選んでつめてもらった袋のように、宝物がつまった魔法の袋に思えたものです。

5年生になり、半田ごてを持たせてもらえるようになって、やけどしかかったり、半田ごてをあてすぎて部品が溶けかかったりと、ずいぶん苦労はしましたが、なんとかひとつのものを作り上げることができるようになりました。たとえできあがったものが、何に使うのかわからないブザーだとしても、私にとっては宝物のかたまりでした。

大学3年生の春、私は工学部の電子工学科に進学して、学生実験で電子回路を作って測定したり、授業で電気回路や電子回路の勉強をしていました。そこには、あの、小さな袋はありませんが、その中身の宝物について、いろいろ勉強ができました。時を同じくしてよく行くようになった東京の秋葉原。そこの部品屋さんで電子部品を買ったりする機会も増え、昔に比べれば「宝物」についての知識も父を凌ぐほどになっていました。とはいえ、いくら知識が増えても、小さな袋の中身が私の大事な宝物であることには変わりありません。

そして今、私は集積回路という電子部品についての研究をしています。昔、カトー無線で売っていた部品の中で一番不思議な形をしていた集積回路という電子部品についての研究です。

三つ子の魂百まで、という言葉があります。いつまでも三つ子の魂を

持ちつづけたいものです。

　みなさんも、この本で電子回路について勉強を始める前に、みなさん自身の経験をふりかえってみてください。そしてその中に、少しでも電子回路に関係がありそうなことがあったら、それをもとに、電子回路について興味を持って、勉強を進めていってもらえればと思います。

2002年春　秋田純一

ゼロから学ぶ電子回路　　　目次

第1章　ふと気がつくと　……………………………………………… 1
1.1. 電子回路なんていらない?　……………………………………… 1
1.2. 分解して中身をのぞき　………………………………………… 3
1.3. 携帯電話の箱の中　……………………………………………… 7
1.4. コンピュータの箱の中　………………………………………… 9

第2章　オームの法則から始める直流回路　………………………… 11
2.1. 「回路」って?　…………………………………………………… 11
2.2. オームの法則を考える　………………………………………… 13
2.3. オームの法則の直感的方法　…………………………………… 16
コラム　電圧というものを考える　……………………………… 17
2.4. 補助単位について考えてみる　………………………………… 20
2.5. 直列回路と合成抵抗　…………………………………………… 21
2.6. 並列回路と合成抵抗　…………………………………………… 24
2.7. 直列回路と並列回路が混じると　……………………………… 26
2.8. 「分圧」という考え方　…………………………………………… 27
2.9. キルヒホッフの法則　…………………………………………… 27
ビール運びロボット"電電くん"(その1)　…………………… 30

第3章　コンセントを使ってみる～交流回路　……………………… 33
3.1. AC100V?　………………………………………………………… 33

3.2. 交流を複素数で表してみる 36

3.3. コンデンサを考える 38

3.4. 抵抗 40

3.5. インピーダンスを使った回路の解き方 40

3.6. インピーダンスが複素数ってなんじゃらほい? 44

3.7. 第3の素子〜インダクタ 46

3.8. 重低音回路 47

3.9. インダクタを使った回路 50

3.10. 続・インダクタを使った回路 52

3.11. おまけ〜対数グラフ 54

  ビール運びロボット "電電くん" (その2) 58

第4章 移り変わりの現象 63

4.1. 電源スイッチを入れてから 63

4.2. 過渡現象を考える 66

4.3. 続・過渡現象を考える 72

4.4. インダクタを使った回路(過渡現象編) 74

  ビール運びロボット "電電くん" (その3) 81

第5章 半導体を考える 85

5.1. 電流の正体 85

5.2. 半導体って何? 88

5.3. 半導体の中身	91
5.4. ダイオードというもの	94
5.5. ダイオードを考える	97
コラム　半導体の中をちょっと詳しく考える	100
5.6. ダイオードを使ってみる	102
5.7. 続・ダイオードを使ってみる	104
5.8. ダイオードを触ってみる	105
コラム　発光ダイオード	108

第6章 トランジスタを考える　113

6.1. トランジスタを触ってみる	113
6.2. トランジスタを考える	116
6.3. トランジスタの動作を考える	121
6.4. アンプを作ってみる	126
6.5. アンプの動作を考える	131
ビール運びロボット "電電くん"（その4）	135

第7章 魔法の増幅器〜オペアンプ　139

7.1. 魔法の増幅器	139
7.2. 理想的なオペアンプ	141
7.3. デシベル？	143
7.4. オペアンプを使ってみる〜反転増幅回路	145

7.5. オペアンプを使ってみる〜加算増幅回路 ... 146

7.6. オペアンプを使ってみる〜非反転増幅回路 ... 148

7.7. オペアンプの中身 ... 149

ビール運びロボット"電電くん"(その5) ... 153

第8章 トランジスタと論理回路

8.1. もう一つのトランジスタ ... 157

8.2. MOSトランジスタを作ってみる ... 161

8.3. もう一つのMOSトランジスタ ... 166

8.4. MOSトランジスタを使ってみる ... 167

8.5. CMOS論理回路入門 ... 169

ビール運びロボット"電電くん"(その6) ... 172

第9章 半導体の社会学と経済学

9.1. コンピュータの進歩の歴史 ... 175

9.2. 半導体市場を解くキーワード〜機能単価 ... 177

9.3. 半導体市場を解くキーワード〜機能飢餓 ... 181

9.4. 産業のコメ? ... 183

9.5. 半導体市場を解くキーワード〜スケーリング ... 184

9.6. 半導体社会と現代社会 ... 187

索引 ... 193

装丁/海野幸裕
カバーイラスト/本田年一

第1章
ふと気がつくと……

1.1. 電子回路なんていらない？

「電子回路」という言葉を聞いて、みなさんはどんなことを思い浮かべますか？ 以前に「電気回路」というものを物理の授業で習ったことがある人なら、
「なんだかよくわかんない、式がごちゃごちゃしていて…」
といういやな記憶が甦えってくる人も多いことでしょう。
　かくいう私も、まがりなりにも電子工学を将来の仕事としようと、せっせと電子回路の勉強をしていたのですが、とりわけ、最初の方は、何をやっているのか、まったくわかりませんでした。ずいぶん後になって、「ああこういうことだったのか」と納得することもしばしばですが、そこに至るまでの道のりは、いろいろありました。なによりつらかったのは、先生の口から発せられる、インピーダンスやら、増幅回路やらが（詳しいことは本書に出てきますのでご安心を）、「いったい何のためになるのか？ いったい何のことをいっているのか？」ぜんぜん理解できなかったことです。
　目的がはっきりしない話を聞くことほど苦痛なことはありません。
　学生時代の私は
「これを勉強して、いったい何のためになるんだろう？」

と自問自答を繰り返す悲惨な日々を送っていたわけです。

　でも、みなさんの身の回りを見渡してみてください。
「電気」がないとどうしようもないものが、そこいらじゅうに溢(あふ)れていませんか？　家にいれば、蛍光灯にテレビ、冷蔵庫、電話、パソコン、プレステ。外を歩けば、信号機に電車、電光掲示板に携帯電話、自動販売機。電気が止まってしまったら私たちの生活はにっちもさっちも行かなくなる、という話は、エネルギー問題にからんでよく語られることですが、事実、電気は私たちにとって欠かすことができないものなのです。

　しかし、これだけ身の回りで使われている電気なのに、あなたは電気を見たことがありますか？　ほとんどの人は見たことがないんじゃないでしょうか。少なくとも私は見たことがありません。見たことがある、という人に会ったこともありません。

　どうやら電気というのは、目に見えないくせに、私たちの生活に深く深く食い込んでいるものなんですね。それ自体は目に見えないものの、いろいろな形、例えば光、熱、力のような目に見える形となって私たちの暮らしを支えているわけです。

　でも、どうやって目に見えない電気が目に見える形になるか、不思議に思いませんか？　どうやって、目に見えない電気が目に見える形になるか、知ってみたいと思いませんか？
「そんなことは知らなくても生きていくのに困らないぞ」
という人もいるでしょう。でも、普段なにげなく使っているものが、実はこういう仕組みで動いている、ということが仮にわかったとすると、とても面白いんです。わかったからといって、人生バラ色になるわけでもないですが、「知的好奇心」とでもいうのでしょうか、そういうものが満たされると、とても気分がいいものです。

　最近、さまざまな分野の商品で、スケルトン（中身が見える）ものが世に多く出回っていますが、例えば、スケルトンじゃない（中身が見えない）電卓と比べて、スケルトンの電卓のほうが、なんとなく「ほっ」としたりすることはありませんか？　中身が見えるだけでも、それのことが多少わかったつもりになるものですが、そのまた中で、どういう理屈で光っ

ているのか、音が出ているのか、計算されているのか、そこまでわかると、きっと楽しいにちがいありません。

この本では、みなさんのそういう「知的好奇心」を満たせるように話を進めていきたいと思います。

1.2. 分解して中身をのぞき

さて、スケルトンなものはともかく、スケルトンじゃないものの中身を見たことってありますか？

最近の電子機器は、分解して中身を覗くことがなかなか難しいつくりになっているのですが、そうもいっていられないので、中身を理解する第一歩として、片っ端から分解してみましょう。

図 1-1　ご存知、携帯電話

ここに1台の携帯電話があります。これは、私がつい先月まで実際に使っていたものです（いまは解約したので使っていません）。これを分解してみましょう。

図 1-2 を見てください。何だかよくわかりませんが、ごちゃごちゃしています。こんなごちゃごちゃしたものを作る人は、きっと頭がいい人（というか人間離れしている人）なんだろうなあ、なんて感慨にふけながら、もう少し、よく見てみると、多少わかるものも入っています。例えばスピーカ。これはどう考えても、着信音や話し声が出てくるところですよね。例えば液晶。これは待ち受け画面などが表示されるところです。例えばアンテナ。たぶんここから電波が飛んで行くんでしょう。

細かいことはともかく、何が何だかさっぱりわからない、というもので

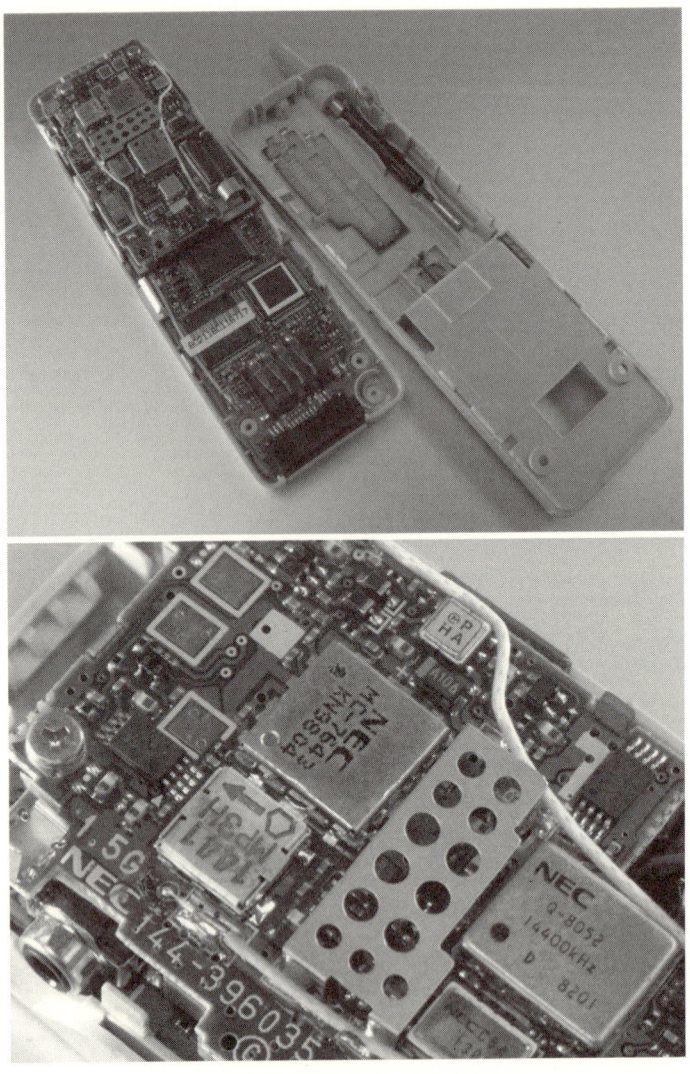

図 I-2　携帯電話をばらすの図

はなさそうです。それにしてもごちゃごちゃしていますね…。
　では、他の電子機器はどうなっているんでしょうか？　ここに1台のパソコンがあります。型は少し古いですが、私がいまでも現役で使っているものです。これも分解してみましょう。この分解の作業、なかなか楽し

くて、お見せしたいのは山々なのですが、残念ながらこの本では分解作業自体をみなさんに体験してもらうのは無理なので、途中経過だけで我慢してください。もし、我慢できなくなったら、東京の秋葉原や大阪の日本橋に行くと、次のページの図1-4のような、「ジャンク品」というものがたくさん売っていますので、これを買ってきて思う存分分解しましょう。これは動作保証がないものを安く売っているもので、見ようによってはガラクタなんですが、ときどき動くものもあったりします。

図1-3　ご存知、ノートパソコン

　ちょっと話がそれてしまいました。本題に戻りましょう。さきほどのノートパソコンをがんばって分解してみると、次のページの図1-5のような感じになります。

　何だかよくわからないけど、思ったとおり、ごちゃごちゃしています。こんなごちゃごちゃしたものを作る人は、きっと頭がいい人（というか人間離れしている人）なんだろうなあ…という話は、さっきしたのでおいておいて、よく見てみると、やはり、多少わかるものも入っています。

　例えば液晶。これはどう考えても画面が映る部分ですね。例えばキーボード。ちょっと見にくいのですが、スイッチがたくさんあって押したキーがわかる仕組みになっているみたいです。例えばメモリ。ちょっとパソコンに詳しい人なら、データやプログラムを記憶しておくメモリ（メインメモリ）も、これだ、とわかるかもしれません。例えばCPU。これもちょっとパソコンに詳しい人なら、何百MHzで動くパソコンの頭脳とも呼ぶ

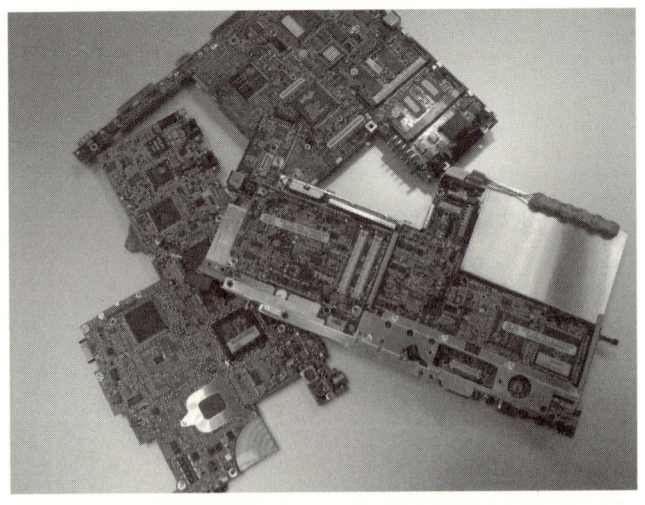

図1-4 ジャンク屋さんというところ

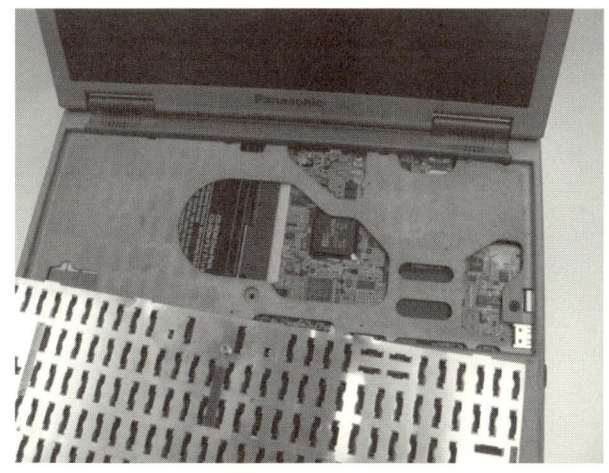

図 I-5　ノートパソコンをばらすの図

べきものも、これだ、とわかるかもしれません。
　さっきの携帯電話のときもそうでしたが、細かいことはともかく、まったくもって意味不明、というものではなさそうです。それにしてもやっぱりごちゃごちゃしていますね…。

1.3. 携帯電話の箱の中

そんなこんなで身近な電子機器の中身を二つほど見てきました。何となくわかったことは、
- 身の回りにたくさんある
- 中身はごちゃごちゃしている
- ところどころわかる部品もないことはない
- 細かいことはさっぱりわからない

というところでしょうか。こんなごちゃごちゃして、何だかよくわからないくせに、ふと気がつくと身近で使っている、そんな感じでしょうか。

たしかに中身はごちゃごちゃしていますが、これの仕組みがわかったら、さっきの「知的好奇心」の話じゃないですが、きっと面白いでしょうね。もっとも、知らなくても生きていく上での支障はないんですけど。ごちゃごちゃしていて複雑、といっても、少なくとも世の中の技術者の人が作ったものなのですから、まったく人間の力の及ばない神秘的なもの、ということもないはずです。

もう少しよく考えてみると、そもそも電子機器は電気を使っているわけですから、声にしろ画面にしろ電波にしろ計算にしろ、結局は電気の信号が使われているわけです。電気の信号には、大きく分けると「電圧」と「電流」があって、ふつうはこの両者を組み合わせて使います。

さきほどの携帯電話の場合、しゃべった声が電波に乗って飛んでいき、その声がスピーカから聞こえるまでに、次のような順序で電気信号が伝わっていきます（細かい専門用語はわからなければ読み飛ばしてください。いくつかは後から出てきます）。

1. 声（空気の振動）を、マイクで電圧に変換し、増幅（ぞうふく）する
2. 変調（音声信号を電波の信号に変換する）
3. 送信（電波として飛ばす）
4. 受信（電波を受ける）
5. 復調（電波の信号を音声信号に戻す）

6. 増幅してスピーカで空気振動（声）に戻す

1.4. コンピュータの箱の中

ではパソコンはどうでしょう？

ちなみにパソコンはパーソナル・コンピュータの略ですが、コンピュータ（computer）って、日本語では何というか知っていますか？ いまは「コンピュータ」が一般的ですが、もともとは「計算機」という意味です。ちょっと小難しい言い方をすると、コンピュータとは、現象を数字として表し、それに対して計算を行って結果を得る機械、ということになります。簡単に言えば、電卓の大きいやつ、というところですかね。

いずれにしてもコンピュータで扱うには、音にしろ光にしろ文字にしろ、すべて数字として表す必要があります。細かい具体的なことは触れずに通り過ぎますが、音は振幅の大きさとして数値で表し、文字は文字コードという対応表を決めておいて数値で表し、色も赤・青・緑の明るさのような数値によって表します。

コンピュータの行う「計算」は、四則演算（加減乗除）の他にも関数演算などいろいろありますが、実はこれらはすべて足し算（加算）の組み合わせで行うことができます（ほんとか？ と思う人は、数学の本でテーラー展開という言葉を探してみて下さい）。計算機といっても、足し算を行う計算機だけあれば、それを組み合わせてどんな計算でもできる機械、つまり、コンピュータを作ることができるのです。

でも、足し算をする計算機、って何でしょう？ ある部屋に人がいて、片方の窓から二つの数字（例えば1と2）を紙で受け取って、中の人が暗算で足し算をして、結果の3を書いた紙をもう片方の窓から渡す、そんな人がいる部屋は、りっぱな足し算機です。中で人が暗算をしていようが電卓を使ってい

図1-6 足し算をする計算機のモデル

ようが、実は計算のできる犬がいようが、外から見れば区別はできません。ただ足し算ができる、ということだけが大切なわけです。中身はどうであれ、二つの数字を受け取って足し算をした結果が出てくる箱、これがコンピュータを究極的に単純化したものといえます。

　ちょっと細かい話をすると、実際には足し算をする電気回路（加算器）に、入出力の関係を記憶させておきます。つまり壁に大きな対応表が貼ってあって、1と2をもらったら、それを見て、結果の3を出してきます。別に小人さんや頭のいい犬がいるわけじゃないんですね。

　ちょっと話がややこしくなってきました。話を本題に戻しましょう。そんなわけで（どんなわけ？）、これから先は、ごちゃごちゃしているけど身近にある電子機器の仕組みを、順番に見ていくことにしましょう。

第2章
オームの法則から始める直流回路

2.1.「回路」って？

　この本のタイトルにも出てくる「回路」という言葉。電気や電子のことを勉強すると真っ先に出てくる言葉ですが、そもそもどのような意味なのでしょうか。もう一度、身近なものから見ていきましょう。

　携帯電話でもパソコンでも、部屋の蛍光灯でも、電気を使ったものは、どんなものでも、その中身を大きく分けると「電源」と「負荷」の二つの部分があります。

「電源」というのは、電池やコンセントに来ている電気のように、エネルギーを供給するところのことです。そして「負荷」というのは、そのエネルギーを使って光を出したり熱を出したり音を出したりというようなさまざまな「仕事」をするところです。

　例えば電池にモータをつなぐとモータが回りますが、この場合は電池が「電源」、モータが「負荷」ということになります。そして実際には、この「負荷」がおこなう仕事、例えばモータの回転数などを、望みの量にするために「電源」を調節します。

　電源にはプラスとマイナスの二つの端子があります。**電流**は電源のプラスの端子から出て行って負荷に行き、そして電源のマイナスの端子に戻って来ます。

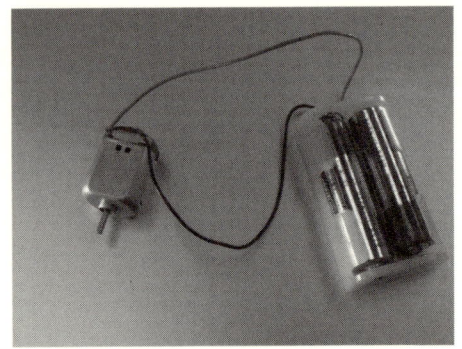

図 2-1　電池とモータをつないでみる

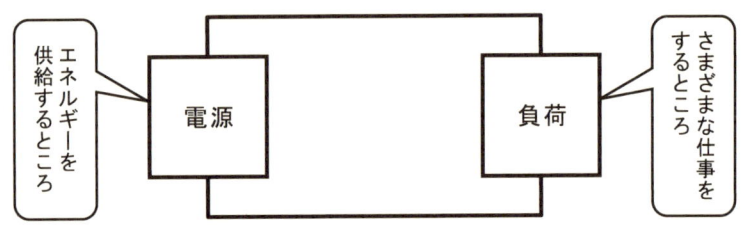

図 2-2　「電源」と「負荷」

　つまり、電気回路で電流が流れる道は、必ず電源から出て電源に戻って来る、という1周する経路になります。そこで電源と負荷からなるものを**回路**と呼ぶわけです。ちなみに、英語では circuit といいます。鈴鹿サーキットなどの「サーキット」と同じ単語です。

　ただ、このような電気回路を表現するのに、いつも絵を描いていては大変ですから、一定の決まりにしたがった記号を使って図を描きます。このような、記号を使った電気回路を表現する図のことを**回路図**（circuit diagram）と呼びます。例えば電池や電球は図 2-3 のような記号を使います。そしてこれらを、実際につながっている様子と同じように線（水平か垂直な直線）で結びます。ちなみに線が交わっているところで、そこがつながっている場合は図 2-3 のように交点に点を1個打つ、という決まりがあります。

図 2-3　回路図とその記号

2.2. オームの法則を考える

　このように、どんな電子機器でも「電源」と「負荷」があるわけですが、その両者にはどのような関係があるのでしょうか。もっとも、さきほど見てきたように「電源」にも「負荷」にもいろいろな種類があるわけですが、まずは「電源」として電池、「負荷」として**抵抗器**というものを考えてみることにします。

　抵抗器というのは図 2-4 のような形をしています。大きさはピンきりですが、普通のもので本体の部分の長さは 5mm くらいです。

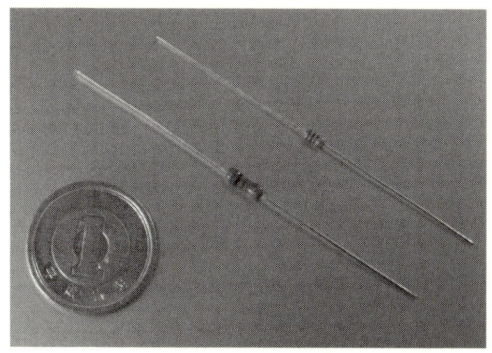

図 2-4　抵抗器

　この抵抗器、どのような働きをするものなのでしょうか。図 2-5 のように両端を電池とつないでみましょう。ふつう、電池の両端には**電圧**（voltage）が生じています。そして電池から抵抗器に**電流**（current）が流れます。一般に電圧の大きさを V という文字で表し、電流の大きさを I

という文字で表します。また電圧の単位は**ボルト**（volt）といって［V］という記号を使い、また電流の単位は**アンペア**（ampere）といって［A］という記号を使います（本書では、単位を表すときには［V］のようにかぎ括弧を使うことにします）。ちなみにボルトとアンペアは、それぞれ電気現象の解明に貢献した物理学者のボルタ（1745～1827）とアンペール（1775～1836）の名前にちなんでいます。

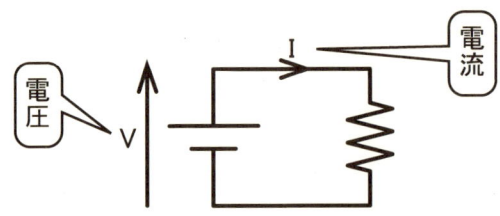

図 2-5　抵抗器と電池からなる回路

さて、この電池の電圧 V と抵抗器に流れる電流 I にはどのような関係があるのでしょうか。抵抗器には**電気抵抗**という値があり、ふつう R という文字で表します。ちなみに単位は**オーム**（ohm）で［Ω］という記号を使います。電気抵抗は略して単に「抵抗」とも呼びますが、この「抵抗」というのは、なにかに反抗する、対抗する、というような意味の言葉ですね。電気抵抗もその意味の言葉で、具体的には、「電池が電流を流そうとする」ことに対して抵抗します。つまり電気抵抗 R が大きいほど、電流は流れにくいわけです。逆に電池の電圧 V は「電流を流そうとする力」ですので、電圧 V が大きいほど電流は流れやすくなります。ようするに、さきほどの電池と抵抗をつないだ回路では、電流を流そうとする電池（電源）の力と、電流を流さないように抵抗する抵抗器（負荷）の力がぶつかりあっているわけで、その力が拮抗（きっこう）するところが、実際に流れる電流 I なわけです。

このような状況では、電圧 V、電流 I、抵抗 R には以下のような関係があることが知られています。

$$V = RI \tag{2-1}$$

この関係式を**オームの法則**（Ohm's law）と呼びます。ちなみに、オーム（1787～1854）も電気現象の解明に貢献した物理学者の名前です。

この式は、ちょっと見方を変えると次の3通りの見方ができます。ぜひ覚えておきましょう。

> **その1**. $V = RI$：抵抗の両端の電圧 V は、そこに流れる電流 I と抵抗 R との積になる、というわけです。ちょっと見方を変えれば、抵抗に電流が流れるとその両端に電圧が現れる、という見方もできます。
>
> **その2**. $I = V/R$：抵抗に流れる電流 I は、その両端電圧 V を抵抗 R で割ったもの、というわけです。
>
> **その3**. $R = V/I$：抵抗 R は、その両端電圧 V を流れる電流 I で割ったもの、というわけです。

このように、抵抗の両端の電圧 V、流れる電流 I、抵抗の値 R のうち、二つがわかっていればもう一つのものも決まってしまう、というわけです。

例えば図2-6のように $V = 5$ [V]、$R = 1$ [kΩ]であれば、そこに流れる電流 I は、オームの法則から $I = V/R = 5$ [V]÷1 [kΩ]となります。ちなみに、重さで1[kg]というのは1000[g]のことですが、電気の場合でも

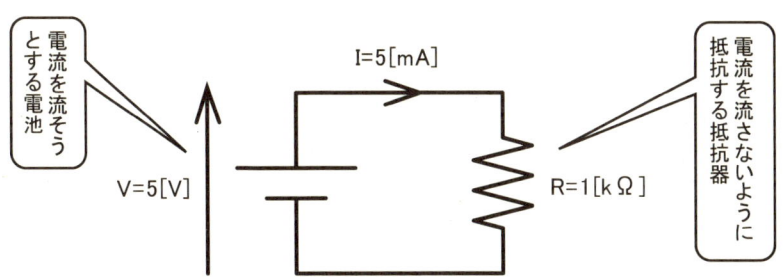

図2-6　電池・抵抗からなる回路

同じように1[kΩ]＝1000[Ω]のことです。つまり、この場合の電流は$I=5\div1000=0.005$[A]となります。また、長さで0.001[m]＝1[mm]となるのと同じように0.005[A]＝5[mA]（ミリアンペア、と読みます）と書くこともできます。

2.3. オームの法則の直感的方法

このオームの法則、式ではさっき出てきたような形ですが、もう少し直感的に理解できないものでしょうか。何ごとでもそうですが、ものごとを式だけで追いかけていると、ややもすると本質を見失ってしまうことになります。そんな場合、往々にして式だけで理解していたつもりになって、ちょっと状況が変わると、何が起こっているのかさっぱりわからなくなってしまいがちです。そこで物理現象などを、それに似た現象になぞらえて理解することが有効です。この、似た現象での例えのことを**アナロジー** (analogy) と呼びます。

電気の世界では、よく**水の流れ**を電気現象のアナロジーとして使います。つまり図2-7のように、電流を水の流れる量、電圧を水源のある高さ、と考えるわけです。ちなみに電気抵抗は、途中の水路の「細さ」で例えられます。

この図2-7を見ながら考えると、次のようなことが直感的にわかるで

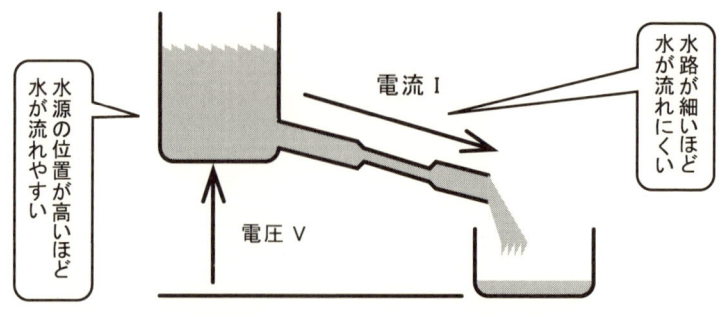

図2-7　水の流れのアナロジーの考え方

しょうか。
- 水源の位置が高いほど、水が流れやすい（＝ V が大きいほど I が大きい）
- 水路が細いほど、水が流れにくい（＝ R が大きいほど I が小さい）

例えば電池を 2 個直列につなぐと電圧が 2 倍になりますが、そうすると流れる電流が 2 倍になる、というのがオームの法則から導かれる結果です。これを水の例えでいうと、水源のある高さが 2 倍になって水の流れの勢いが 2 倍になる、という理解ができるのではないでしょうか。

この、電気回路での水の流れのアナロジーは、非常によく使われて、なかなか便利なので、ぜひぜひ覚えておきましょう。

電圧というものを考える

ここまで、何となく電圧、電流という言葉を使ってきました。ここで、ちょっとこれらの言葉を整理しておきましょう。

水の流れのアナロジーでは、電圧が水位差、電流が水流という話でしたが、もう1つ似た言葉に「電界」というものがあります。この電界は、水路の傾きとなります。水の流れのアナロジーのままでしばらく考えてみましょう。

仮に水位差が 1 [m] で、水路の両端の距離が 5 [m] だとすると、この傾きは 1 [m]÷5 [m]＝0.2 [m/m] となります。この傾きは、水位差が大きいほど、また水路の両端の距離が短いほど急になるわけですが、これは「水位差に比例して、両端距離に反比例する」と表現することができます。つまり水位差を V、水路の両端の距離を d とすると、その間の水路にできる傾き E は次のような関係になります。

$$E = \frac{V}{d}$$

この式は、ちょっと変形すると $V=Ed$、すなわち、（傾き×距離）が水位差になる、というようにも見ることができます。

この傾きという考え方、いったい何に使うかというと、例えばこの水路

に質量 m のボールを置いたとすると、このボールは下に転がっていくはずです。これはこのボールに斜め下向きに重力（の分力）が働くためですが、この傾きが急なほど、またこのボールの質量 m が大きいほど、ボールは勢いよく（厳密に言うと大きい加速度で）転がっていくはずです。

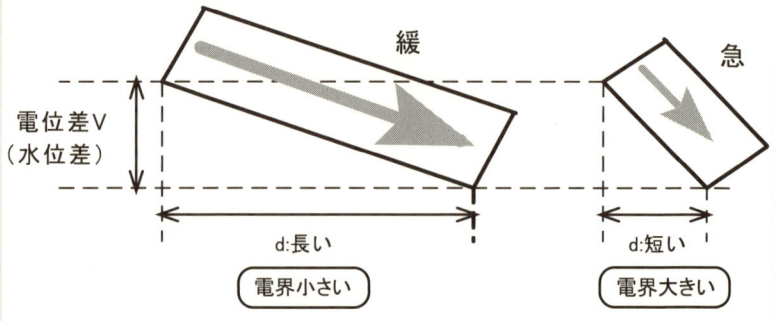

図 2-8　急な水路と緩やかな水路

　ここまで見てきた、水位差・両端の距離・傾き、そして転がっていくボール、という考え方は、電気の場合は、そのまま電圧・距離・電界、そして電子などの電荷（電気を帯びた粒子）に対応しています。
　ようするに、電圧を V、電極間の距離を d とすると、そこにできる電界 E は、さきほどとまったく同じように次のような関係になります。

$$E = \frac{V}{d}$$

そして、電子などの電荷が持つ電荷を q とすると、この電荷には次のような力 F が働きます。

$$F = qE = q\frac{V}{d}$$

この力 F によって、電荷は動き始めるわけです。物理を習った人であれば、これが等加速度運動になることに注意しておきましょう。当然、この力、つまり電荷が動く勢い（厳密にはその加速度）は電荷 q が大きいほど、また電界 E が大きいほど大きくなります。これらの関係は表 2-1 のようになります。

表 2-1　電気と水の流れのアナロジーの対応

水の流れのアナロジー	電気
水位差	電圧 V
水路の傾き	電界 E
ボールの質量	電荷 q

　ところでここでは「電圧」という言葉を使ってきました。これとは別に、「電位」という考え方もあります。この二つはどういう関係にあるのかというと、水路の場合でも、水の流れに関係があるのは**水路の両端の水位差**であって、その水路自身がどれぐらいの標高のところにあるかは関係がないわけです。つまり水路の両端の水位差が 1 [m] であるならば、その水路が海抜 0 [m] のところにあっても、山の頂上にあっても、流れる水の勢いはまったく同じわけです。

　これは電気の場合でもまったく同じで、電位というのは標高のようなもので、どこかを基準とした値です。厳密には、電位はそこから十分遠い場所、無限遠の地点の電位を基準の 0 [V] と定義をします。ただこの基準をどこにとるかはそれほどたいした問題ではなく結局電極の間の「電位の差」だけが関係するのです。そして、この電位の差、つまり電位差のことを**電圧**と呼ぶわけです。

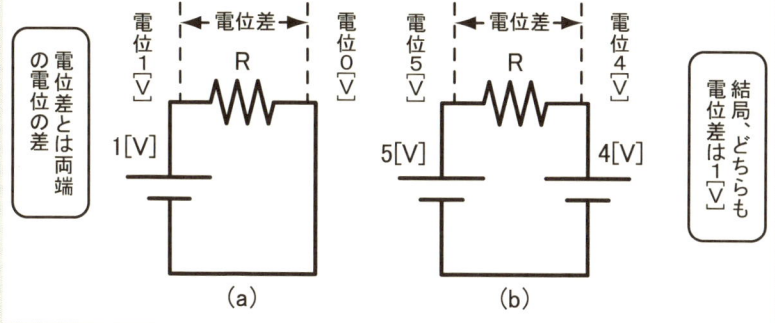

図 2-9　(a) 両端が 0 [V]・1 [V] の抵抗
　　　　(b) 両端が 4 [V]・5 [V] の抵抗

　この電極の間の電位差、つまり電圧というのを、抵抗の両端の電位差、と考えて、図 2-9 (a) の抵抗 R に流れる電流 I_1 と図 2-9 (b) の抵抗 R

に流れる電流 I_2 を考えてみます。たしかに抵抗の両端の、電池のマイナス極を基準とした「電位」は、図 2-9（a）で 0［V］と 1［V］、図 2-9（b）で 4［V］と 5［V］、と異なりますが、抵抗に流れる電流はその両端の電圧、つまり「電位の差」に比例しますから、結局この両者に流れる電流は同じになります。

　このように、電気回路を考えるときは、「電位の差」、つまり電圧を考えるように注意しましょう。

2.4. 補助単位について考えてみる

　話が前後するのですが、さきほど 1［kΩ］というのは 1000［Ω］のことで、5［mA］というのは 0.005［A］のことだと述べました。このように電気の世界では、ゼロが多い数が非常によく出てきます。例えば 100 万分の 1［A］は 0.000001［A］のことですが、こんなような数はしょっちゅう出てきます。そのたびにゼロをたくさん書くのは大変ですし、間違えやすいのであまり便利とはいえません。そこでさきほどの［Ω］や［A］の単位の前についていた「k」や「m」のような**補助単位**と呼ばれるものを頻繁に使います。

　この補助単位は電気の世界に限ったものではなく、身の回りでもけっこうよく出てきます。例えば「k」（キロ）は 1000 倍（つまり 10^3 倍）を表す補助単位ですが、重さ 1［kg］というのは 1000［g］のことです。このように、本来の単位「g」（グラム）の前に「k」（キロ）がついた「kg」を新しい単位のように使って、それは 1000［g］のことだ、と解釈するわけ

表 2-2　よく使う補助単位

p	n	μ	m	k	M	G
pico （ピコ）	nano （ナノ）	micro （マイクロ）	milli （ミリ）	kilo （キロ）	mega （メガ）	giga （ギガ）
10^{-12}	10^{-9}	10^{-6}	10^{-3}	10^3	10^6	10^9

です。同じように長さの単位「m」(メートル)に「k」がついて、1000[m]を表す「km」(キロメートル)となります。

電気回路では、もっとケタの大きい数を用いることも多々あるのですが、だいたい表2-2のような補助単位を見かけることが多いのではないかと思います。例えば1[μA]は10^{-6}[A]、つまり100万分の1[A]、となります。

この補助単位を使うと、ケタ数の多い計算も楽にすることができます。例えばさきほどの$V=5$[V]、$R=1$[kΩ]から電流Iを求める計算は$I=V/R=5$[V]÷1[kΩ]ですが、補助単位以外の部分で5÷1=5をまず先に求めておきます。補助単位は、分子の電圧にはついていなくて、分母の抵抗にだけ10^{3}倍の「k」がついていますから、計算結果には「k」(10^3)の逆数の10^{-3}、つまり「m」(ミリ)という補助単位がつくことになります。そしてこの二つをあわせて、計算結果は$I=5$[mA]となります。つまり、数字部分は数字だけ、補助単位は補助単位だけで計算して最後にくっつければOKです。このように補助単位の計算は、慣れるとなかなか便利なので、ぜひ覚えておきましょう。

2.5. 直列回路と合成抵抗

さきほどの回路では、電池も抵抗も1個ずつしかありませんでした。ここでは、もうちょっとややこしい回路を考えてみましょう。といっても、次のページの図2-8のように1個の電池に2個の抵抗がつながった回路です(このように抵抗が続けてつながっている回路を**直列回路**と呼びます)。

考えてみましょう、といっても、それだけでは何も始まらないので、図2-8の中に書いてあるように、それぞれの抵抗にR_1とR_2という名前をつけて、その両端電圧をそれぞれV_1とV_2としてみましょう。このときミソなのは、二つの抵抗に流れる電流Iは同じ、ということです。これは水の流れのアナロジーで考えれば、水が流れている水路は1本だけですから、流れている水の勢いは結局、どちらの抵抗を通るときでも同じで

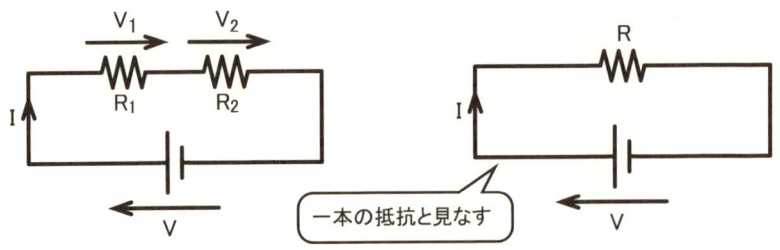

図 2-8　2 本の抵抗の直列回路　　図 2-9　2 本の抵抗器の合成抵抗

す。つまり電流 I は一定なわけです。

　このとき、電源である電池がしていることというのは、自分の電圧 V で電流 I を流している、ということだけで、その相手が 2 本の抵抗である、ということは特に意識はしないわけです。つまり電池にとっては、相手の負荷に抵抗が何本あっても、「自分が電流を流す相手としての抵抗」が 1 本ある、と見ることになります。このような、電源にとって電流を流す相手としての 1 本の抵抗のことを**合成抵抗**と呼びます。この合成抵抗を使って、図 2-9 のように電池と合成抵抗からなる回路を考えることができますが、電池がすること、を考えるときには、この回路で十分です。このような回路のことを**等価回路**と呼びます。

　この場合の合成抵抗 R を求めてみましょう。二つの抵抗器の両端電圧 V_1、V_2 と、それぞれの抵抗 R_1、R_2、電流 I の間にはオームの法則が成立しますから、次のような関係式が成り立ちます。

$$V_1 = R_1 I \tag{2-2}$$

$$V_2 = R_2 I \tag{2-3}$$

それぞれの抵抗には V_1、V_2 という電圧、つまり水の流れの落差がありますが、この二つをあわせると、図 2-10 のようにもともと電池が持っていた電圧 V、つまり水源の高さになるはずです。つまり次の式が成り立ちます。

$$V = V_1 + V_2 \tag{2-4}$$

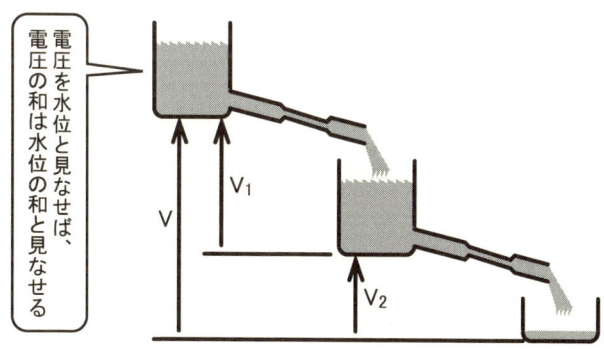

図 2-10　二つの電圧を足すということのアナロジー

これにさきほどの二つの式を代入してみると、次のような式になります。

$$V = V_1 + V_2 = R_1 I + R_2 I = (R_1 + R_2) I \qquad (2\text{-}5)$$

ところで電池から見た合成抵抗が R ですから、電池にとっては「電圧 V をかけたら抵抗 R に電流 I が流れた」ように見えるわけです。そこでずばりオームの法則から

$$V = RI \qquad (2\text{-}6)$$

という関係式が成り立ちます。この二つの式を比べてみると、次のような関係式が成り立つことがわかります。

$$R = R_1 + R_2 \qquad (2\text{-}7)$$

つまり電池から見た合成抵抗 R はこのように求められるわけです。

例えば図 2-11 のように抵抗が 3 本ある場合でも、電池から見た合成抵抗 R は、これらをただ足せばよく、$R = 1[\mathrm{k\Omega}] + 2[\mathrm{k\Omega}] + 3[\mathrm{k\Omega}] = 6[\mathrm{k\Omega}]$ となります。

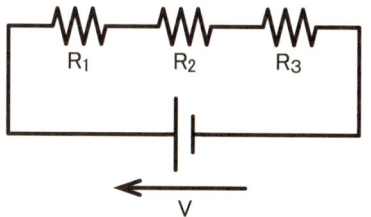

図 2-11　3 本の抵抗の直列回路

2.6. 並列抵抗と合成抵抗

次は、同じ 2 本の抵抗でもちょっと違う回路を取り上げます。図 2-12 のように 2 本の抵抗が並んでつながった回路を考えてみましょう（このように抵抗が並んでいる回路を**並列回路**と呼びます）。

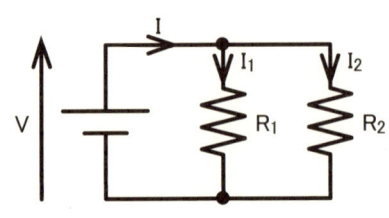

図 2-12　2 本の抵抗の並列回路

この場合も、電池から見た電流を流す相手の抵抗が合成抵抗であるわけですが、さきほどと同じように抵抗をそれぞれ R_1、R_2 とし、それぞれに流れる電流を I_1、I_2 としてみましょう。

この場合のミソは、二つの抵抗の両端の電圧が、電池と同じ V である、ということです。つまり、それぞれの抵抗について、オームの法則は次のようになります。

$$V = R_1 I_1 \tag{2-8}$$

$$V = R_2 I_2 \tag{2-9}$$

この場合、電池が流している電流は I であるわけですが、それが途中で I_1 と I_2 に分かれているわけです。水の流れのアナロジーで考えれば、途中で水路が二つに分かれているわけですが、もともとは 1 本だった水路ですから、流れる水の量自体は変わらず、したがって図 2-13 のように $I = I_1 + I_2$ となります。この式に、さきほどの二つのオームの法則の式を少し変形して代入すると次のようになります。

$$I = I_1 + I_2 = \frac{V}{R_1} + \frac{V}{R_2} \tag{2-10}$$

電池から見た合成抵抗が R で、流れる電流が I ですから、電池にとってのオームの法則は $V = RI$、つまり $I = V/R$ となります。この式とさきほどの式を比べてみると次のようになります。

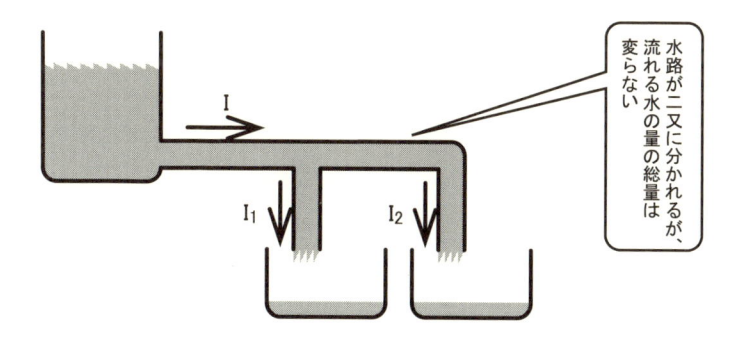

図 2-13　並列回路を考えるときのアナロジー

$$I = \frac{V}{R} = \frac{V}{R_1} + \frac{V}{R_2} \tag{2-11}$$

最後に両辺を V でわれば次のようになります。

$$\frac{1}{R} = \frac{1}{R_1} + \frac{1}{R_2} \tag{2-12}$$

これが、並列回路で合成抵抗を求めるための式になります（ちなみに、R_1 と R_2 の並列の合成抵抗のことを $R_1 // R_2$ という記号で書くこともあります）。なお、さきほどの式をちょっと変形すると次のような書き方もできます。

$$R = \frac{R_1 R_2}{R_1 + R_2} \tag{2-13}$$

図 2-14　2 本の抵抗器の並列回路

例えば図 2-14 のような並列回路の、電池から見た合成抵抗 R は次のように求められます。

$$R = \frac{1[\mathrm{k\Omega}] \cdot 2[\mathrm{k\Omega}]}{1[\mathrm{k\Omega}] + 2[\mathrm{k\Omega}]} = \frac{2}{3}[\mathrm{k\Omega}] = 0.67[\mathrm{k\Omega}] \tag{2-14}$$

このように補助単位が入っている場合は、補助単位は補助単位で計算して、最後の結果に補助単位をつければよいことに注意しておきましょう。

2.7. 直列回路と並列回路が混じると…

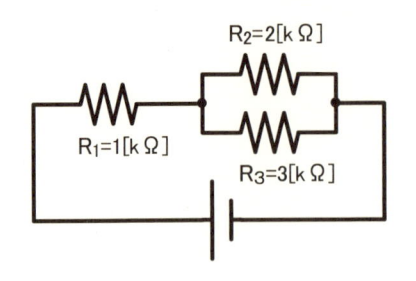

図 2-15 直列と並列が混じった回路

もう少しややこしい回路を考えてみましょう。図 2-15 のように 3 本の抵抗がある回路で、電池から見た合成抵抗 R を求めてみましょう。

ぱっと見ややこしそうですが、次のように 2 段階に分けて考えるといいでしょう。

1. R_2 と R_3 の並列回路で、この部分の合成抵抗が R'
2. この R' と R_1 の直列回路が、全体の回路

つまり図 2-16 のような順番で考えるわけです。すると、まず R' が並列回路の合成抵抗の式から次のように求められます。

$$R' = \frac{2[\mathrm{k}\Omega] \cdot 3[\mathrm{k}\Omega]}{2[\mathrm{k}\Omega] + 3[\mathrm{k}\Omega]} = 1.2[\mathrm{k}\Omega] \tag{2-15}$$

そして、これと R_1 との直列回路ですから、全体の合成抵抗 R は $R = 1[\mathrm{k}\Omega] + 1.2[\mathrm{k}\Omega] = 2.2[\mathrm{k}\Omega]$ というように求めることができます。

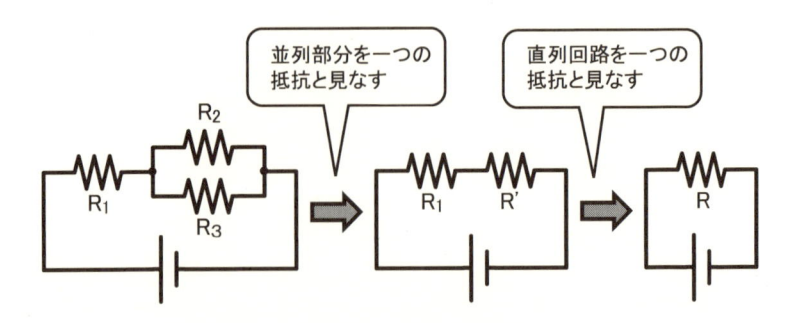

図 2-16 直列回路・並列回路を順に考える

2.8. 「分圧」という考え方

さて、オームの法則を使ったもので、ちょっと便利なものを紹介しておきましょう。それは直列回路での**分圧**という考え方です。

図2-17のような回路の電流は、$I=V/(R_1+R_2)$ ですので、これを使うと、抵抗のそれぞれの両端の電圧（分圧）は次のようになります。

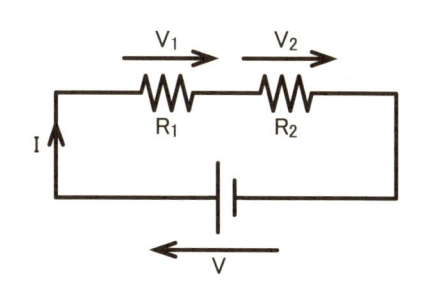

図2-17　直列回路の電流・電圧

$$V_1 = R_1 I = \frac{R_1}{R_1+R_2} V \tag{2-16}$$

$$V_2 = R_2 I = \frac{R_2}{R_1+R_2} V \tag{2-17}$$

そして、$V_1:V_2=R_1:R_2$ となりますが、これは、それぞれの抵抗の両端の電圧の比は、それぞれの抵抗の値の比と同じになることを表します。

例えば全体の電圧 V が5[V]で、$R_1=2[\mathrm{k}\Omega]$、$R_2=3[\mathrm{k}\Omega]$ だとすれば、$V_1:V_2=2:3$ で、$V_1+V_2=5[\mathrm{V}]$ ですから、$V_1=2[\mathrm{V}]$、$V_2=3[\mathrm{V}]$ というようにすぐに求めることができます。

これはけっこうよく使うので、覚えておくととても便利です。

2.9. キルヒホッフの法則

最後に、ちょっとややこしいけど「電気回路を勉強しているぞ」っぽいものを紹介しておきましょう。例えば図2-18のような回路になると、以前のように直列・並列の合成抵抗を使うだけでは回路を流れる電流を求めることはできません。でも、実際にこのような回路を電池と抵抗で作ってみれば電流は流れるわけです。ではその値は、どのように求めればよいの

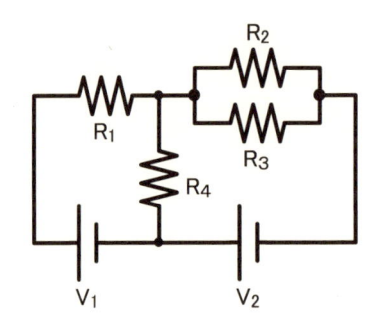

図 2-18 ちょっとややこしい回路

でしょうか。

このような回路の電圧・電流を求めるときには（これを回路を「解く」といいます）、**キルヒホッフの法則**（Kirchhoff's Law）という法則を使います。これはオームの法則をより一般化したもので、次の二つの法則からなっています。

第1法則（電流則：Kirchhoff's Current Law；KCL）回路の節点（交点）に流れ込む電流の総和は 0 になる（ただし、電流が流れ出る場合は符号を逆にする）

第2法則（電圧則：Kirchhoff's Voltage Law；KVL）閉路に沿った1周の電圧降下は 0 になる（ただし、電源は電圧を上昇させるので、電圧降下の値は負として考える）

ちょっとややこしいですが、それぞれ図 2-19 と図 2-20 のようなことをいっているわけです。KCL は、入ってくる電流と出て行く電流が同じ、つまり水のアナロジーでいえば、入ってきただけ水が出て行く、ということをいっています。また KVL は、電源や抵抗がある「回路」、つま

$I_1 = I_2 + I_3 + I_4$

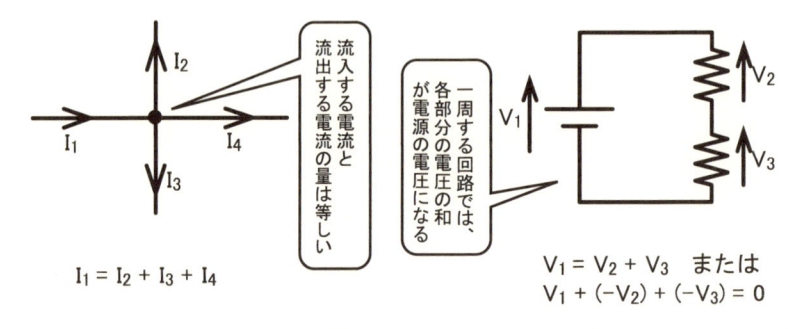

流入する電流と流出する電流の量は等しい

$V_1 = V_2 + V_3$ または
$V_1 + (-V_2) + (-V_3) = 0$

一周する回路では、各部分の電圧の和が電源の電圧になる

図 2-19 キルヒホッフの電流則（KCL）

図 2-20 キルヒホッフの電圧則（KVL）

り1周する経路では、電源のところで電圧が上がり、抵抗のところで電圧は下がるわけですが、1周すると高さは変わっていない、つまり水のアナロジーでいえば、1周すると水の高さが上がっている分だけ下がっている、ということをいっています。

ちなみに、電源1個と抵抗1個からなる回路に対してKCLとKVLを作ると、オームの法則が得られます。つまりKCLとKVLは、オームの法則を一般化したものといえます。

例として、図2-21のような回路を解いてみましょう。電池V_1、V_2から流れる電流を、図2-21のような向きと仮定してそれぞれI_1、I_2とし、真ん中の抵抗R_2に流れる電流を図の向きと仮定してI_3としてみましょう。このI_1、I_2、I_3の三つを求めたいわけですから、三つの方程式が連立方程式として必要です。

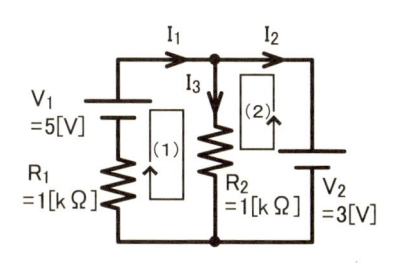

図2-21 キルヒホッフの法則を使う例題

まずKCLから次の式が成り立ちます。

$$I_1 = I_2 + I_3 \tag{2-18}$$

そして図2-21の(1)の経路を見てみると、ここで電圧が上がるところはV_1だけで、下がるところは抵抗R_1、R_2のそれぞれの両端電圧分、つまりそれぞれRI_1、RI_3です。そしてKVLを使ってみると、この両者が同じ、というわけですから、次の式が成り立ちます。

$$V_1 = R_1 I_1 + R_2 I_3 \tag{2-19}$$

同様に図2-21の(2)の経路でも、KVLから次の式が成り立ちます。

$$V_2 = R_2 I_3 \tag{2-20}$$

これで三つの方程式がそろいました。あとはこれを解くだけです。$V_1 = 5$、$V_2 = 3$、$R_1 = R_2 = 1k$を代入してみると、(2-20)式は次のようになります。

$$I_3 = \frac{V_2}{R_2} = \frac{3}{1\mathrm{k}} = 3\mathrm{m} \tag{2-21}$$

そしてこれを（2-19）式に代入すると、次のようになります。

$$5 = 1\mathrm{k}I_1 + 1\mathrm{k} \cdot 3\mathrm{m} = 1\mathrm{k}I_1 + 3 \tag{2-22}$$

よって $I_1 = 2\mathrm{m}$ となります。最後に（2-18）式から、$I_2 = -1\mathrm{m}$ となります。I_1、I_2、I_3 は電流ですから、単位は当然 [A] です。したがって、求める電流はそれぞれ次のようになります。

$$I_1 = 2[\mathrm{mA}],\ I_2 = -1[\mathrm{mA}],\ I_3 = 3[\mathrm{mA}] \tag{2-23}$$

ここで I_2 が負になっていますが、これは図 2-21 で仮定したのとは逆向き、つまり図 2-21 で左に向かって 1[mA] が流れる、というように解釈しておきましょう。

このように、キルヒホッフの法則を使って回路を解くのはちょっと式が複雑になってしまいますが、ぜひ順を追って理解しておきましょう。「ときどき」使うことがあります。

ビール運びロボット "電電くん"（その1）
——大学院生たちの五月祭物語——

「五月祭」というものがある。東大の本郷キャンパスで、毎年5月後半に行われる学園祭である。そこには通常の学園際に見られるような、様々なサークルの模擬店が多くあるのは当然だが、各学部学科の有志による専攻内容に関する展示発表などが多くあるのも特色である。有名な先生を招待しての講演会といったものもあるが、最先端の科学技術に触れることのできる展示発表も多い。

数ある理工系の学部学科の中に、工学部電子工学科という学科がある。この学科の五月祭での展示発表はどのようなものがあるのであろうか。手元にある平成6年の五月祭のパンフレットをひもといてみると、そこには

「ディジタル通信」「超電導」「学習ロボット」「画像処理」といった、現代のエレクトロニクス技術を象徴する言葉がズラリと並んでいる。

しかし、その中に「電電でポン！」という、なんとも不可解な名称の展示発表がある。御存知でない方のために付記しておくと、「電電」とは電気工学科と電子工学科をまとめて呼ぶときの「あだ名」である。最先端のエレクトロニクスを象徴する言葉が並ぶ中にあって、この場違いな展示発表はいったい何であろうか。紹介文を読んでみると、以下のような言葉がある。

> **「電電でポン！」**
> 知的でチャーミングなウエイトレスロボットがビールを運んできてくれます。あなたの疲れた心を、屋外で飲むおいしいビールで癒してみませんか。　　　　　　　　（電子工学科修士2年学生有志）

何のことはない。ビアガーデンである。

しかし、最後の部分に注目していただきたい。「修士2年学生有志」とある。五月祭の展示発表にたずさわるのは、電子工学科の場合は基本的に3年生のみである。ところがこの「電電でポン！」は4年生どころか、大学院に進学した学生、しかも修士論文を控えた修士課程2年の学生たちの企画のようである。彼らの企画、そして知的でチャーミングなウエイトレスロボットとはどのようなものなのであろうか。

以下は、「ビアガーデンにおける効果的なビール運搬機」をテーマに、このロボットの設計から製作を主に担当したある一人の大学院生（彼の名前は仮に「秋田純一」としておこう）から見た、このロボットの構造の紹介である。普段「とっつきにくいもの」と考えられがちなコンピュータシステムというものを、ロボットという形を通して少しでも身近に感じていただければ幸いである。

（以下、58ページへ続く）

第3章
コンセントを使ってみる ～交流回路

3.1. AC100V?

　ここまでは、電源として電池を使ってきました。電池には、その電圧 V が常に一定となる性質があります。常に一定となる電圧のことを**直流**と呼びます。しかし世の中には、電圧が常に一定ではなく、時間とともに**規則的**に変化するような電圧もあります。このような電圧や電流を**交流**と呼びます。例えば部屋のコンセントにきている電圧は交流です。よく機器の表示などで「AC100V」というような書き方がされますが、この「AC」というのは、交流を表す英語の alternating current の略です。つまり「AC100V」というのは「交流で 100V」という意味なわけです。ちなみに、この交流電圧を使った回路のことを**交流回路**と呼びます。

　さて、ここからしばらく交流回路を見ていくわけですが、規則的に変化する、といっても、ほとんどの場合は図 3-1 のような**正弦波**（サインカーブ）の電圧や電流を扱います。ですから、交流といったら、正弦波のことだと思ってまず間違いはありません。

　では、この正弦波を数式で表してみましょう。この章はちょっと数式が多くなりますので、読んでいて途中であやしくなった人は、途中経過は気にせず、これだけ見ておきましょう、という結論のところだけ見ておいてください。

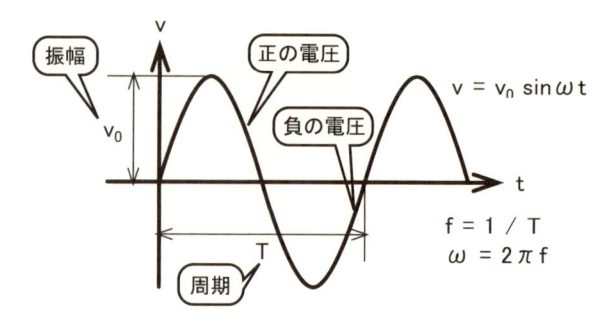

図3-1 正弦波の電圧

　高校の数学で三角関数を習ったと思いますが、例えば $y=\cos x$ のグラフは正弦波そのものです。つまり、いま表そうとしている交流電圧も、このように三角関数を使って表せるはずです。横軸は時刻 t ですから、ふつうは比例係数をつけて次のような式で交流電圧 v を表します。

$$v = v_0 \cos \omega t \quad \text{(三角関数の引数はラジアン単位)} \quad (3\text{-}1)$$

ここで v_0 は電圧の最大の高さを表すもので**振幅**、ω は正弦波がどれぐらいの速さで変化するかを表すもので**角周波数**と呼びます。また、$\omega/2\pi$ のことを f という文字で書き、これを**周波数**と呼びます。私たちが日常生活の中で聞く言葉としては、周波数の方が多いかもしれません。例えばコンセントにきている交流電圧の周波数は、東日本では 50[Hz]、西日本では 60[Hz] です。さらに、$1/f$ のことを T という文字で書き、**周期**と呼びます。そして t は時刻で、v が交流電圧です。ちなみに交流の電圧や電流を文字で表すときはこのように小文字を使います。これらは、それぞれさきほどの図3-1の中の文字のようにグラフに現れてきます。

　ところでこの振幅 v_0 は交流電圧の山の高さであるわけですが、さきほどのコンセントにきている電圧の「AC100V」の電圧 100[V] はこの v_0 のことではありません。この部分はちょっとややこしいのですが、せっかくですから見ておきましょう。

　交流回路では、交流電圧や交流電流が、例えば電球をつけたりといった仕事をするわけですが、交流電圧がどれぐらいの仕事ができるのかを表す

ときには、交流電圧の振幅 v_0、ではなく**電圧の 2 乗を平均したものの平方根**を使います。これには物理的な理由があるのですが、ちょっとややこしいのでここでは触れませんので、興味がある人は他の本をあたってみてください。

この「電圧の 2 乗を平均したものの平方根」のことを**実効値**（effective value）と呼び、v_e という文字で書きます。これをちゃんと計算するのは、次の式を求めればよいのですが、少々ややこしいので、わからない人は結果のところだけ見ておいてください。

$$v_e = \sqrt{\frac{1}{T}\int_0^T v_0^2 \cos^2 \omega t \, dt} = \sqrt{\frac{v_0^2}{T}\int_0^T \left[\frac{1+\cos 2\omega t}{2}\right] dt} = \frac{v_0}{\sqrt{2}}$$

(3-2)

このように、$v_e = v_0/\sqrt{2}$ となるわけですが、コンセントにきている電圧の「AC100V」の 100V というのは、実はこの実効値のことです。つまりコンセントの交流電圧は $v_e = 100[V]$ というわけですので、ここから求めると $v_0 = 100\sqrt{2} = 141[V]$ ということになります。

実際にコンセントにきている電圧をオシロスコープという機器で見てみると図 3-2 のように 140[V] 程度あることがわかります。

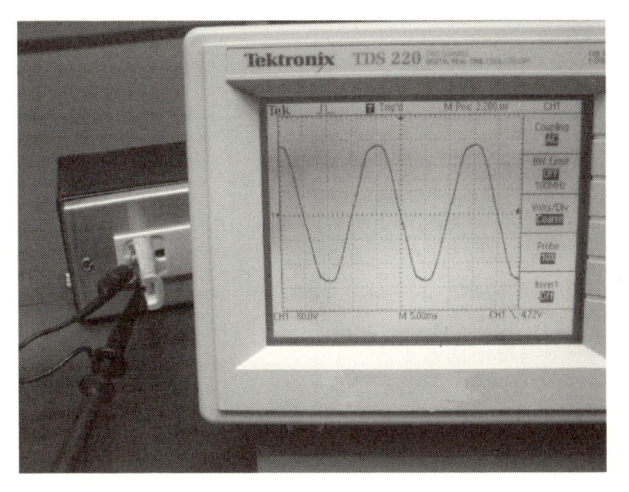

図 3-2　コンセントにきている電圧を「見る」

3.2. 交流を複素数で表してみる

　ここからもう少し詳しく交流回路を見ていくわけですが、交流電圧の表し方として、もう一つ別のものを紹介しておきましょう。これは、一見するとややこしく見えますが、実は後々この方法の方が便利なことが多いので、がんばってください。

　唐突ですが、なぜか**複素数**が出てきます。複素数 z というのは、虚数単位を i として $z=a+bi$ というように書ける数のことですが、この書き方とは別に、複素数 z を次のような形で書く書き方があります。

$$z = z_0 (\cos\theta + j\sin\theta) \tag{3-3}$$

ここで j は虚数単位で、さきほどの i と同じものですが、電気の世界では i と書くと多くの場合電流のことを指しますから、紛らわしいので、虚数単位としては j を使います。このような複素数の書き方を極形式といい、z_0 を絶対値といって $|z|$ と書き、θ を偏角といって $\arg z$ と書きます。a、b、z_0、θ の間には次のような関係がある、ということを高校の数学で習ったかもしれません。

$$z_0 = \sqrt{a^2+b^2},\ \tan\theta = \frac{b}{a} \tag{3-4}$$

　この極形式を使った複素数の表し方ですが、実はもう一つ別の書き方があります。それは次の Euler（オイラー）の公式というものです。

$$e^{j\theta} = \cos\theta + j\sin\theta \tag{3-5}$$

ここで e は自然対数の底といって 2.718 程度の値（高校で数 III を習った人なら、e^x の e といえば思い出すでしょうか）です。この式は、なかなか不思議な式です。e という数の、虚数である $j\theta$ 乗を求めると、なぜか三角関数が出てくる、というわけです。このオイラーの式については、それだけで 1 冊の本になるくらい奥が深いものなので、ここではとても書ききれません。興味を持った人は『なっとくする複素関数』（小野寺嘉孝

著、講談社）を参照してください。とりあえず、ここではこのオイラーの式を、そんなものかと認めた上で、先へ進んでいきます。

次に、$v=v_0 e^{j\omega t}$ という式を考えてみましょう。これを、オイラーの式を使って変形すると次のようになります。

$$v = v_0 e^{j\omega t} = v_0(\cos \omega t + j \sin \omega t) = v_0 \cos \omega t + j v_0 \sin \omega t$$

(3-6)

最後の式のうち、最初の $v_0 \cos \omega t$ の部分は、さきほどの交流電圧の式そのものです。しかしこの式には、更に $j v_0 \sin \omega t$ という項がついています。これが気になるといえば気になるのですが、この項は虚数単位 j がついていますから虚数となります。虚数というのはもともと実在する数（実数）ではないわけですから、ちょっと大雑把ですが無視することにしましょう。つまり「$v_0 e^{j\omega t}$ という交流電圧の式のうち、実際に観測されるのは実数部分の $v_0 \cos \omega t$ だけである」と解釈をするわけです。

じゃあ、なんで見えない虚数の部分を考えるのか？　ということになりますが、実は後々、この虚数の部分が効いてくるところがありますので、それまでは目をつぶっておきましょう。ちょっとややこしかったですが、結論はこうなります。

● 交流電圧 v を、$v=v_0 e^{j\omega t}$ という式で表す
● このうち、実際に観測されるのは実数部分の $v_0 \cos \omega t$ だけである
　（つまり、最初に考えた交流電圧の式と同じ）

もう少し数式とおつきあい。数Ⅲをとっていた人であれば習っていたかと思いますが、指数関数を微分すると、次のようになります。

$$(e^x)' = \frac{d}{dx}e^x = e^x, \quad \frac{d}{dx}e^{ax} = ae^{ax}$$

(3-7)

習っていなかった人は、まあそんなものかと思っておいてください。これを使うと、さきほどのオイラーの式の微分も、a のところを $j\omega$ とおきかえて、次のように考えることができます。

$$\frac{d}{dt}e^{j\omega t} = j\omega e^{j\omega t} \tag{3-8}$$

ようするに、指数関数の右肩に虚数単位 j があっても、ふつうの指数関数のように微分ができて、その結果は、もともとの式 $e^{j\omega t}$ の前に $j\omega$ が出る、という形になります。

さあ、式がややこしくなってきました。もうひと息、結論のところだけでいいので見ておいてください。

3.3. コンデンサを考える

図3-3のように、金属の板を少し離して向かい合わせた装置のことを**コンデンサ**（condenser）、または**キャパシタ**（capacitor）と呼びます。これは電気（電荷）をたくわえるという働きがあり、電荷がたくわえられると、その両端に電圧が生じます。電荷が多いほど電圧が高くなりますが、たまっている電荷 Q と両端の電圧 V の間には次の関係があることが導かれます。

$$Q = CV \tag{3-9}$$

高校の物理で習った人もいるかもしれません。ここで C を**静電容量**と呼び、電荷 Q を[C]（クーロン）、電圧 V を[V]で表したときの静電容量の単位を[F]（ファラッド）といいます。

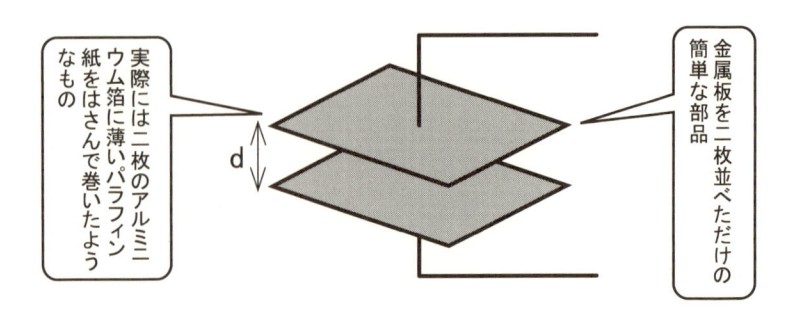

図3-3 コンデンサ（キャパシタ）

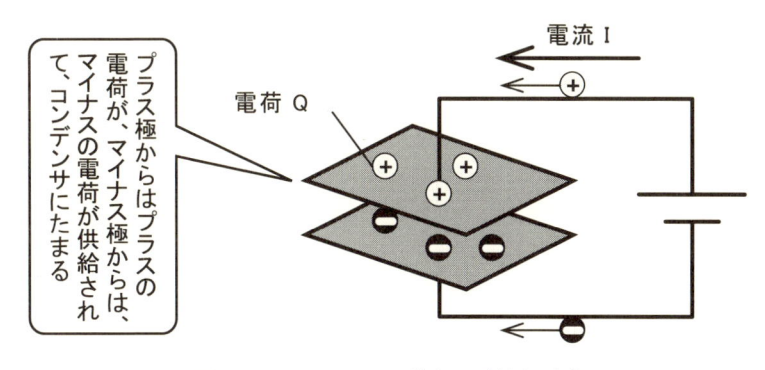

図3-4 コンデンサに流れる電流と電荷

(図中の吹き出し：プラス極からはプラスの電荷が、マイナス極からは、マイナスの電荷が供給されて、コンデンサにたまる)

コンデンサに電荷をたくわえるためには電流を流します。電流というのは電荷の流れのことですから、電流が流れた分だけ電荷がたまっていきます。そもそも電流 I というのは、電荷 Q が変化した量、正確には Q の時間変化量なわけです。時間変化量というのは数学では時間 t で微分した量ですから、これを数式で表すと次のようになります。

$$I = \frac{dQ}{dt} \tag{3-10}$$

ところで、さきほどのコンデンサの関係式 $Q=CV$ の両辺を t で微分すると、静電容量 C は定数なので次のようになります。

$$\frac{dQ}{dt} = C\frac{dV}{dt} \tag{3-11}$$

この左辺は、(3-10) 式から電流 I そのものですから、結局コンデンサでは次のような関係式が成り立つことになります。

$$I = C\frac{dV}{dt} \tag{3-12}$$

さて、このコンデンサに交流の電圧 v を加えてみましょう。このとき流れる電流を i として、この二つの関係を考えてみます。加える交流電圧 v を、さきほどの書き方にしたがって $v = v_0 e^{j\omega t}$ とし、(3-12) 式に代入してみると、次のようになります。

$$i = C\frac{dv}{dt} = j\omega C \cdot v_0 e^{j\omega t} \tag{3-13}$$

ここで、$Z = v/i$ という量を考えます。この Z、電圧を電流で割ったものですから、直流回路のオームの法則の場合では抵抗 R のことなわけですが、いまは交流電圧・電流を考えているので、厳密には抵抗ではなく「抵抗のようなもの」といえます。これを**インピーダンス**（impedance）と呼びます。つまりインピーダンスは、交流回路での「抵抗のようなもの」なわけです。

コンデンサの場合のインピーダンス Z_C を考えてみましょう。(3-13) 式を使うと、Z_C は次のようになります。

$$Z_C = \frac{v}{i} = \frac{v_0 e^{j\omega t}}{j\omega C \cdot v_0 e^{j\omega t}} = \frac{1}{j\omega C} \tag{3-14}$$

最後の結論の部分を見てみると、振幅 v_0 や時間 t は消えて、角周波数 ω と静電容量 C だけの式になってしまいました。この結論だけでいいので、ぜひ覚えておいてください。コンデンサのインピーダンス、つまり交流回路での抵抗のようなもの Z_C は、$Z_C = 1/j\omega C$ です。

3.4. 抵抗

順番が逆のような気もしますが、オームの法則のところで出てきた抵抗器のインピーダンス Z_R を求めておきましょう。

交流回路でもオームの法則が成り立ちますから、抵抗器の両端の電圧 v と電流 i の間には $v = iR$ という関係が成り立ちます。ところが抵抗のインピーダンス Z_R は $Z_R = v/i$ ですから、結局 $Z_R = R$ となります。

インピーダンスというのは、交流回路での「抵抗のようなもの」でしたから、あたりまえといえばあたりまえですが、こうなります。

3.5. インピーダンスを使った回路の解き方

ここまで、コンデンサと抵抗の、交流回路での「抵抗のようなもの」であるインピーダンスを求めてきました。それを求める過程は、微分が入ったりしてちょっとややこしい式でしたので、途中でわからなくなった人

は、次の結果だけ覚えておいてください。

$$Z_R = R, \ Z_C = \frac{1}{j\omega C} \qquad (3\text{-}15)$$

そしてこれらが、交流回路での「抵抗のようなもの」のことだ、ということを覚えておいてください。

では、この「抵抗のようなもの」であるインピーダンスはどのように使うのでしょうか。実は、ちょうど前の章で電池と抵抗からなる直列や並列の直流回路を考えてきたのと同じように、交流の回路でもこのインピーダンスを抵抗のように見て考えていけばよいのです。あれこれうんちくを述べるよりも実例を見ていきましょう。

例えば図 3-5 のような回路を考えてみます。これは $v_0 = 100[\text{V}]$、周波数 $f = 50[\text{Hz}]$ の交流電圧が、$R = 300[\Omega]$ の抵抗と $C = 10[\mu\text{F}]$ のコンデンサが直列につながった回路に加わっています。西日本ではちょっと周波数が違いますが、東日本の場合は、部屋のコンセントに抵抗とコンデンサをつないだわけです。このとき、この回路に流れる電流 i を求めてみましょう。

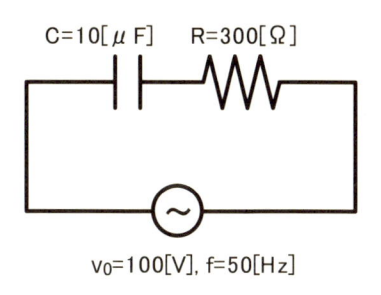

図 3-5　R と C からなる回路（RC 回路）

まず、抵抗とコンデンサのインピーダンスを求めておきます。抵抗のインピーダンス Z_R は、$Z_R = 300[\Omega]$ となるのはまあいいとして、問題はコンデンサのインピーダンス Z_C です。

加えている交流電圧の周波数 f は $50[\text{Hz}]$ ですが、$Z_C = 1/j\omega C$ ですから、インピーダンスを求めるには角周波数 ω が必要です。ところがこの章の最初の方で見てきたように、周波数 f と角周波数 ω には、$f = \omega/2\pi$ という関係がありますから、これを変形すると $\omega = 2\pi f$ となりますので、これを使いましょう。この場合、$f = 50$ ですから、$\omega = 2\pi \cdot 50 = 100\pi$ となります。$\pi = 3.14$ ですが、ちょっと大雑把に $\pi = 3$ と近似すると $\omega = 300$ となります。

また静電容量は $C=10[\mu F]$ ですが、この μ というのは 10^{-6} を表す補助単位でしたから、この場合は $C=10\cdot 10^{-6}=10^{-5}[F]$ となります。これらの値を使うと、コンデンサのインピーダンス Z_C を次のように求めることができます。

$$Z_C = \frac{1}{j\omega C} = \frac{1}{j 2\pi f C} = \frac{1}{j3\times 10^{-3}} = -j\frac{1000}{3} = -j300[\Omega] \quad (3\text{-}16)$$

最後のところでは、またちょっと大雑把ですが $1/3=0.3$ と近似してみました。

以上で、抵抗とコンデンサのインピーダンス、つまり交流回路での「抵抗のようなもの」が求められました。繰り返しになりますが、このインピーダンスというのは「抵抗のようなもの」ですから、頭の中では図3-6のような「抵抗」(本当はインピーダンス)だけからできた回路を想像しましょう。そしてそれぞれの「抵抗」の値が、それぞれ $Z_R=300[\Omega]$ と $Z_C=-j300[\Omega]$ であるわけです。この回路なら、なんとかなりそうです。これは二つの「抵抗」の直列回路ですから、合成「抵抗」は二つの「抵抗」の値を足したものになります。つまり、全体の合成「抵抗」、厳密には**合成インピーダンス** Z は次のようになります。

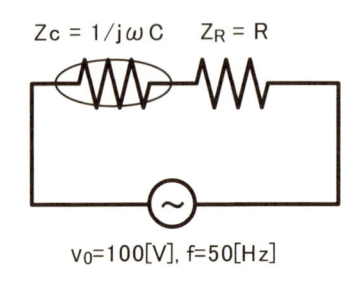

図3-6 抵抗とコンデンサをインピーダンスで考える

$$Z = Z_R + Z_C = 300 - j300\ [\Omega] \quad (3\text{-}17)$$

この合成「抵抗」には、虚数単位 j が入っていますが、あまり気にせずに先へ進みましょう。

そして回路を流れる電流 i は、この合成「抵抗」を使えばオームの法則から $i=v/Z$ と求められます(あくまでも Z は抵抗 R のようなものだということを忘れずに)。

$$i = \frac{v}{Z} = \frac{100}{300 - j300} \tag{3-18}$$

これが回路に流れる電流であるわけですが、虚数単位 j が入っていて見にくい式です。実際に回路に流れている電流の大きさを知るためには電流計を使うわけですが、実はこの電流計で測ることができる電流の値というのは、この電流 i の絶対値 $|i|$ です。つまり、さきほどの i を使うと、次のようになります。

$$|i| = \left| \frac{100}{300 - j300} \right| = \left| \frac{1}{3 - j3} \right|$$

$$= \frac{1}{\sqrt{3^2 + 3^2}} = \frac{1}{\sqrt{18}} = 約\ 236[\text{mA}] \tag{3-19}$$

ここで $|a + jb|$ は、複素数の絶対値ですから $\sqrt{a^2 + b^2}$ となることを思い出しておきましょう。これが、実際に電流計で測定される電流の値です。

さて、最後の方はちょっと式がややこしくなってしまいました。ミソとしてはこんな感じです。この結論は、しっかり覚えておいてください。

- インピーダンス Z は、交流回路における「抵抗」のようなもの（つまり文章を読むときは、インピーダンス→抵抗、と読み替えて考えればよい）
- 抵抗 R のインピーダンス Z_R は、$Z_R = R$
- コンデンサ C のインピーダンス Z_C は、$Z_C = 1/j\omega C$
- このインピーダンスを使えば、コンデンサ・抵抗からなる交流回路を、抵抗からなる直流回路のように考えて、合成抵抗の式などを使えばよい
- 求められた電圧・電流に虚数単位 j が入った複素数の場合は、その絶対値が観測される値となる

このように、インピーダンスさえ求めてしまえば交流回路は、直流回路のオームの法則のときのような直列・並列回路で考えればよいわけです。

3.6. インピーダンスが複素数ってなんじゃらほい？

ここまで見てきたように、まあ計算はできるかもしれません。しかし、インピーダンスやら求められた電圧やら電流やらが、すべて複素数というのは、なんか気分がよくありません。これはどのように考えて納得すればいいでしょうか。

さきほど求められた電流 i は $i = 1/(3-j3)$ でしたが、これをちょっと変形して極形式で表すと次のようになります。

$$i = \frac{1}{3-j3} = \frac{3+j3}{(3-j3)(3+j3)} = \frac{1+j}{6}$$

$$= \frac{\sqrt{2}}{6}\left(\frac{1}{\sqrt{2}} + \frac{j}{\sqrt{2}}\right) = 0.236\left\{\cos\left(\frac{\pi}{4}\right) + j\sin\left(\frac{\pi}{4}\right)\right\}$$

$$= 0.236 e^{j\pi/4} \tag{3-20}$$

少々複雑ですが、順を追って見てください。ちなみに、$\pi/4$ というのはラジアンを単位とした角度で、45度のことです。

もともとの電圧が 100[V] という実数だったことを考えると、この電流と電圧を複素平面上に描くと、それぞれ図3-7のような感じになります。つまり i と v の長さはそれぞれの絶対値（観測できる値）で、電流 i が電圧 v に対して $\pi/4$（=45度）ずれていることがわかります。この「ずれ」を、**位相が進んでいる**という言い方をしたりします。

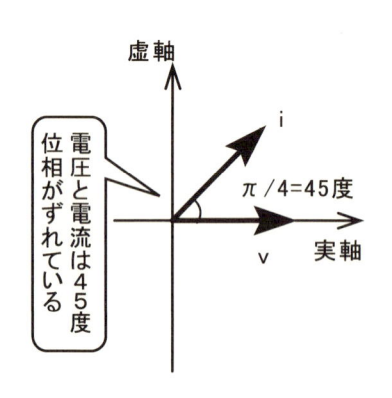

図3-7　v と i の位置関係

電圧と電流は45度位相がずれている

ところでこの章の最初に見てきたように、実際の交流の電圧は時間と共に正弦波のように変化し、$v = v_0 e^{j\omega t}$ と書けるのでした。そして電流も、これにつられて正弦波のように変化を

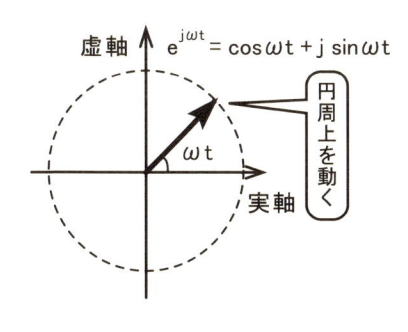

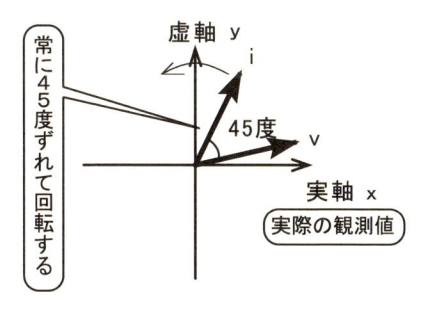

図 3-8　$e^{j\omega t}$ の時間変化　　　図 3-9　回転する v と i

するわけですが、これらの時間変化は、式の上では $e^{j\omega t}$ という項が担っています。つまり電圧も電流も、実際にはこの項がついて時間と共に変化をするわけですが、この項の時間変化は、複素平面上では半径 1 の単位円の円周の上を反時計回りに回るような変化です。

　実際の電圧・電流も、時間と共に変化していくのですが、これらは、この $e^{j\omega t}$ という項によって複素平面上で反時計回りの回転となるわけです。しかし、もともと v と i は 45 度ずれていたわけですから、このずれを保ったまま、図 3-9 のように時間と共に回転していくことになります。そして、この複素平面上で回転する 2 本の矢印の実数部分、つまり x 座標が、実際に観測される電圧・電流なのです。

　これをグラフにすると次のページの図 3-10 のように、45 度だけずれた二つの正弦波のグラフになるわけですが、これがこの回路で実際に流れる電圧と電流の時間変化になります。つまり電流 i は、電圧 v よりも常に 45 度だけ**変化のタイミングがずれて**変化することになります。

　もとをただせば、この変化のタイミングのずれの原因は $e^{j\pi/4}$ という項であり、もとをたどれば、回路の合成インピーダンス $Z = 300 - j300$ が複素数だったことなわけで、結果として、このような「電圧と電流の変化のタイミングのずれ」を、「インピーダンスが複素数」ということで表現していることになります。インピーダンスが複素数であるというのはこういうことです。

　ちなみに、さきほどの回路の抵抗の両端の電圧 v_R は $v_R = iR = 70.8$

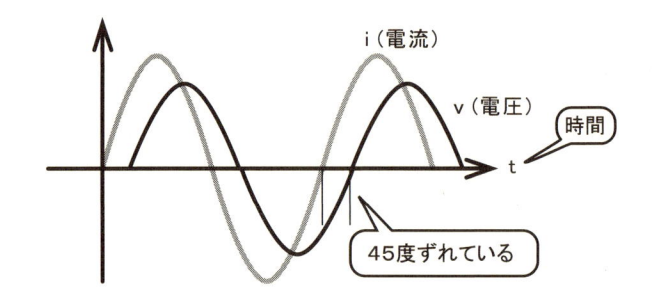

図3-10　45度ずれたvとiのグラフ

[V]となります。またコンデンサのの両端の電圧 v_C の絶対値は $|v_C|=|i/j\omega C|=70.8$[V]となります。試しに v_R と $|v_C|$ を足してみると電源の電圧である 100[V] よりも大きくなってしまいますが、これは両者の振幅、つまり最大の電圧どうしを足しているわけで、実際に v_R と v_C が同時に 70.8[V] となることはありません。この二つは、つねに 45 度のタイミングのずれがあって変化をしているわけですから、交流回路の場合は、絶対値をとってから $v_R+|v_C|$ とするのではなく、複素数のままで $|v_R+v_C|$ を求めないと、全体の電圧（の絶対値）は求められません。ちょっとややこしいので少しだけ心にとめておきましょう。

3.7. 第3の素子〜インダクタ

ここまでは、抵抗とコンデンサを使った交流回路を考えてきました。実はもう一つ、交流回路に出てくる素子があります。それは**インダクタ**（inductor）または**コイル**（coil）と呼ばれるもので、ただ単に導線をぐるぐる巻いたものです。

このインダクタのことを細かく考えていくと、これまたいろいろあるのですが、ここでは交流回路を考えていく上で必要なインダクタのインピーダンス Z_L だけ求めておきましょう。一応定義から順に見ていきますが、途中でわからなくなったら最後の結論だけ見ておいてもらえれば構いません。

インダクタは、そこに流れる電流 I が変化するとそれに応じた**誘導起電**

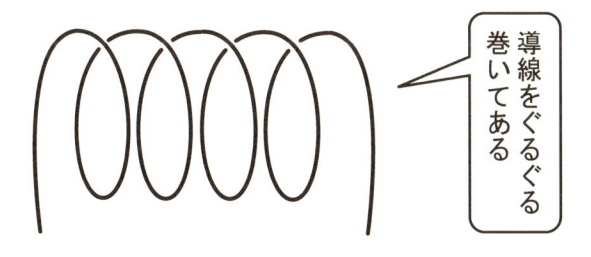

図3-11 コイル（インダクタ）

（吹き出し：導線をぐるぐる巻いてある）

力 V が生じるという性質があります。この誘導起電力は、インダクタに固有な**自己インダクタンス** L （単位はヘンリー［H］）という量を使って次のような式で求められます。

$$V = L \frac{dI}{dt} \tag{3-21}$$

インダクタを交流回路で使う場合は、電圧と電流が時間と共に変化をするわけですが、ここでは流れる電流 i を $i = i_0 e^{j\omega t}$ としてみましょう。すると（3-21）式から、インダクタの両端の電圧 v は次のように求められます。

$$v = L \frac{di}{dt} = L \frac{d(i_0 e^{j\omega t})}{dt} = j\omega L \cdot i_0 e^{j\omega t} \tag{3-22}$$

さて、インダクタのインピーダンス Z_L は、他のインピーダンスのときと同様で $Z_L = v/i$ ですから、結局インダクタのインピーダンス Z_L は次のようになります。

$$Z_L = v/i = j\omega L \tag{3-23}$$

この結論だけは、ぜひ覚えておきましょう。

3.8. 重低音回路

この章の最後として、インピーダンスを使って、ちょっと変わった回路を考えてみましょう。図3-12のような、抵抗とコンデンサからなる回路

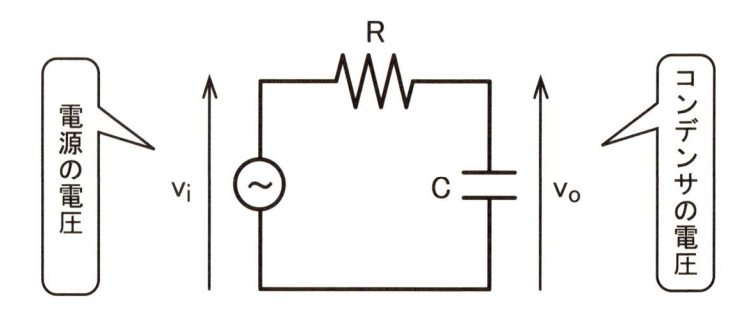

図3-12　RC回路

を考えて、交流電源の電圧を v_i、コンデンサの電圧を v_o としてみます。

例えば $R = 390[\Omega]$、$C = 1[\mu F]$ とした回路を作り、v_i に、低周波発振器という装置を使って、周波数が変えられる正弦波の電圧を加えてみます。そして v_i と v_o の各々にアンプをつないでスピーカで音として聞いたとしてみましょう。実際に実験ができればいいのですが、この本の中では実験はできませんので、結果だけ紹介しておきます。

まず、低周波発振器の電圧 v_i の音を聞いてみると、周波数が高いほど音程が高くなることがわかります。すなわち、周波数というのは音の高さに対応しているわけです。

いっぽう、コンデンサの両端の電圧 v_o の方を聞いてみると、ある周波数域よりも高い音では、音が高くなるほど音の大きさが小さくなっていきます。ようするに、v_i の周波数がある値よりも大きくなると、v_o の振幅が小さくなっていくわけで、この回路は、低い周波数の音ほどよく通し、高い周波数の音はあまり通さずに小さくしてしまう、という性質があります。いわば低音を強調する、ステレオのアンプにでもついていそうな重低音回路なわけです。この回路を、低い音ほど通すという意味でLPF（Low Pass Filter）と呼びます。

ではこのLPFの動作を順に考えていきましょう。見方によっては、この v_o は、R と C による v_i の C の分の分圧と見ることができます。この

分圧というのは、直流回路では抵抗、交流回路ではインピーダンスの絶対値が大きいところほど大きくなります。

ところがこの場合にちょっと変わっているのは、コンデンサのインピーダンス Z_C が周波数 f によって変わる、ということです。コンデンサのインピーダンス Z_C は $Z_C = 1/j\omega C$ で $\omega = 2\pi f$ ですから $Z_C = 1/j2\pi fC$ となり、周波数 f が大きいほど Z_C は小さくなります。

つまり周波数 f が高いときは、C のインピーダンス Z_C が小さくなり、したがってその分圧である v_o も小さくなります。逆に周波数が低いときは、C のインピーダンス Z_C は大きくなり、したがってその分圧 v_o も大きくなります。このように、低い周波数の音ほど大きくなる、というLPFの性質が、なんとなく説明がつきそうです。

これをもう少し具体的に求めてみましょう。分圧の法則を使うと、v_o は次の式のように求められます。

$$v_o = \frac{1/j\omega C}{R + 1/j\omega C} v_i = \frac{1}{1 + j\omega CR} v_i \tag{3-24}$$

これを、次の三つの場合に分けて考えてみましょう（ただし≪というのは「十分小さい」、≫は「十分大きい」という意味です）。

a) $\omega CR \ll 1$ のとき：ωCR が1よりも十分小さいわけですから、v_o の式の分母にある $1 + j\omega CR$ のところで ωCR が無視できてしまいます。したがって分母はほぼ1とみなすことができ、$v_o = v_i$ となります。

b) $\omega CR \gg 1$ のとき：こんどは逆に ωCR が1よりも十分大きいわけですから、v_o の式の分母では1が無視できてしまいます。したがって分母はほぼ $j\omega CR$ となり、$v_o = v_i / j\omega CR$ となります。ちなみに、実際に振幅として観測できる v_o の絶対値は $|v_o| = |v_i|/|\omega CR|$ となります。つまり、この場合は v_o は周波数に反比例して小さくなるわけです。

c) $\omega CR = 1$ のとき：このときは $v_o = v_i/(1+j)$ となりますから、その絶対値は $|v_o| = |v_i|/\sqrt{2}$、つまり v_o は発振器の振幅 v_i の $1/\sqrt{2}$ 倍となります。

この様子を、横軸を角周波数としてグラフに描くと図3-13のようにな

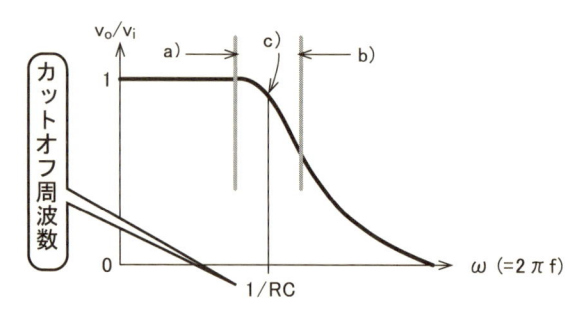

図3-13 LPFの特性図

ります。このグラフは、左半分ではほぼ水平、つまり周波数が低いところではほぼ v_o は一定となります。また、右半分では右下がり、つまり周波数が高いところでは周波数が高いほど v_o が小さくなっていきます。そしてこの両者の境目が $\omega CR = 1$、つまり $\omega = 1/CR$ のところです。このときの周波数 f は、$f = \omega/2\pi = 1/2\pi CR$ となりますが、この境目の周波数のことを**カットオフ周波数**（cut-off frequency）と呼びます。この周波数よりも高い音をカットする、という意味です。

　抵抗、コンデンサ、インダクタについてインピーダンスをそれぞれ求めてきました。それらは基本的に、直流回路の抵抗のように考えてオームの法則や合成抵抗、分圧の法則などを使えばよかったわけです。この点だけは、ぜひ覚えておいてください。そしてコンデンサとインダクタの場合は、インピーダンスの値が周波数と共に変わる、ということにも注意をしておきましょう。

3.9. インダクタを使った回路

　ここまでは、抵抗とコンデンサを使った回路をいろいろ考えてきました。ところで、途中で出てきたインダクタ（コイル）が出てきていないことに気づきましたか？　実はインダクタを使った回路は、ちょっと挙動があやしくなります。あやしい、ということは、面白い、ということでもあり、ちょっと難しい、ということでもあるのですが、ここでは、ちょっと

背伸びをして、インダクタを使った回路を見てみましょう。

図3-14のような回路を作ってみます。周波数 f の交流の電源に、コンデンサ C とインダクタ L を直列につないだ回路です。この回路に流れる電流 i を求めてみましょう。

といっても、しょせんは交流回路ですから、電流 i を求めるためには、抵抗とコンデンサからなる RC 回路のときと同じように、まず合成インピーダンス Z を求めればよいわけです。

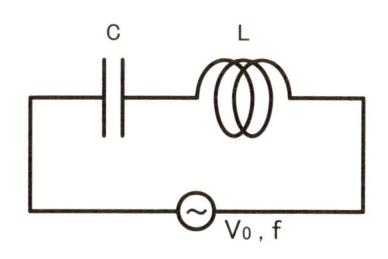

図3-14 インダクタとコンデンサを使った回路（LC 回路）

インダクタのインピーダンス Z_L が、$Z_L = j\omega L$ だったことを思い出してみると、この回路の合成インピーダンス Z は次のようになります。

$$Z = Z_L + Z_C = j\omega L + \frac{1}{j\omega C} \tag{3-25}$$

これを整理すると次のようになります。

$$Z = \frac{j^2 \omega^2 LC + 1}{j\omega C} = \frac{1 - \omega^2 LC}{j\omega C} \tag{3-26}$$

ここで、j というのが虚数単位だったので、$j^2 = -1$ となることに注意しておきましょう。この合成インピーダンス Z を使えば、電流 i は次のように求められます。

$$i = \frac{v}{Z} = \frac{j\omega C}{1 - \omega^2 LC} v \tag{3-27}$$

もちろんこれが結論の式であるわけですが、もう少し詳しく見てみましょう。

この電流 i の式、分母に $(1 - \omega^2 LC)$ という項があります。この項、ちょっと考えればわかるのですが、0になる場合があります。それはどういうときかというと、$1 - \omega^2 LC = 0$ を解けばよいわけですから、次のようなときです。

$$1-\omega^2 LC = 0 \quad \rightarrow \quad \omega = \frac{1}{\sqrt{LC}} \tag{3-28}$$

電源の角周波数 ω がこのような値のときは、回路に流れる電流の式の分母が0、つまり電流 i が無限大になってしまうわけです。うーん。なんか不思議ですね。それより小さい ω でも、それより大きい ω でも、電流はふつうに流れるのですが、その途中の1点だけ、理論上は無限大の電流が流れるはずのポイントがあるわけです。これをグラフにしてみると、図3-15のようになります。まあ実際には、コイルや配線に使っている導線に少しだけ抵抗成分があるので、本当に無限大、ということはありえないのですが、非常に大きな電流が流れてしまうことは間違いありません。

このように、インダクタとコンデンサを使った回路を作ってみると、そこに流れる電流が、電源の周波数 $f(=\omega/2\pi)$ によって大きく変わることがわかります。特にインダクタとコンデンサを使った回路では、電流が（理論上は）無限大になってしまったりすることがあります。

なかなか不思議な回路ですね。

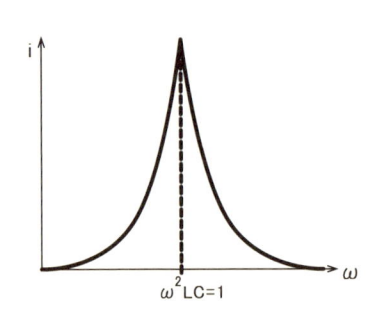

図3-15　LC 直列回路に流れる電流 i の特性

3.10. 続・インダクタを使った回路

もう一つ、インダクタを使った回路を見ていきましょう。図3-16のような回路を作ってみます。こんどは、インダクタとコンデンサが並列になっている回路です。この回路に流れる電流を、さきほどと同じように求めてみましょう。

まず、合成インピーダンス Z は、並列回路の合成抵抗のときと同じよ

うに考えると、次のようになります。

$$Z = \frac{Z_L Z_C}{Z_L + Z_C} = \frac{L/C}{j\omega L + 1/j\omega C} = \frac{j\omega L}{1-\omega^2 LC} \quad (3\text{-}29)$$

やはり $j^2=-1$ ということを使うことに注意しておきましょう。

さて、この式を見ると、こんどは合成インピーダンス Z の式の分母に $(1-\omega^2 LC)$ という項が入っています。すなわち、この分母が 0 になるとき、合成インピーダンス Z が無限大となることになります。もう少し考えを進めてみると、合成インピーダンス Z が無限大、ということは、直流回路でいうところの抵抗が無限大、のようなことです。ようするに、電源が電流を流そうとしても、抵抗が無限大なのでいくらがんばっても電流が流れないことになるはずです。

実際に電圧をインピーダンスで割って、この回路に流れる電流 i と求めてみると次のようになります。

$$i = \frac{v}{Z} = \frac{1-\omega^2 LC}{j\omega L} v \quad (3\text{-}30)$$

このように、分子に $(1-\omega^2 LC)$ という項が入ってくるので、これが 0 になるとき、電流が 0 になります。

この電流が 0 になるのは、分子が 0（または合成インピーダンス Z の分母が 0）、すなわち $1-\omega^2 LC=0$ から $\omega = 1/\sqrt{LC}$ のときとなり、これはさきほどの直列回路のときと同じです。この ω のことを、この回路の**共振角周波数**と呼びます。

そして電源の周波数がこの共振角周波数になったときには、この回路には電流が流れないことになるわけです。このように、電源の周波数が共振角周波数と一致している状態を**共振状態**と呼びます。

不思議なのは、インダクタとコンデンサを使った回路で、図 3-14 の直列回路のときと、図 3-16 の並列回路のと

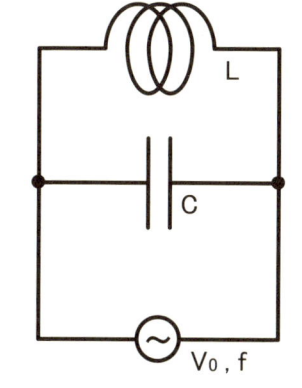

図 3-16　インダクタとコンデンサを使った回路
（並列接続）

きで、共振周波数が $\omega = 1/\sqrt{LC}$ と同じになることです。式の上でそうなるんだから仕方ない、といえばそれまでですが、インダクタとコンデンサが含まれる回路では、この $\omega = 1/\sqrt{LC}$ という共振角周波数は、しょっちゅう出てきます。それぐらい、インダクタとコンデンサが入っている回路では共振というのが普遍的な現象であるわけですね。ただし、一言で「共振」といっても、そのときに、直列回路のときのように電流が最大になる場合(**直列共振**)と、並列回路のときのように電流が最小になる場合(**並列共振**)があることに、少しだけ注意しておきましょう。

3.11. おまけ〜対数グラフ

ここで余談になりますが、電気回路を考えるときに便利なグラフ用紙の話を紹介しておきましょう。

「対数グラフ用紙」という言葉を聞いたことはありますか。図 3-17 のようなグラフ用紙のことです。文房具屋さんなどに行くと、隅の方に置いてあるかもしれません。

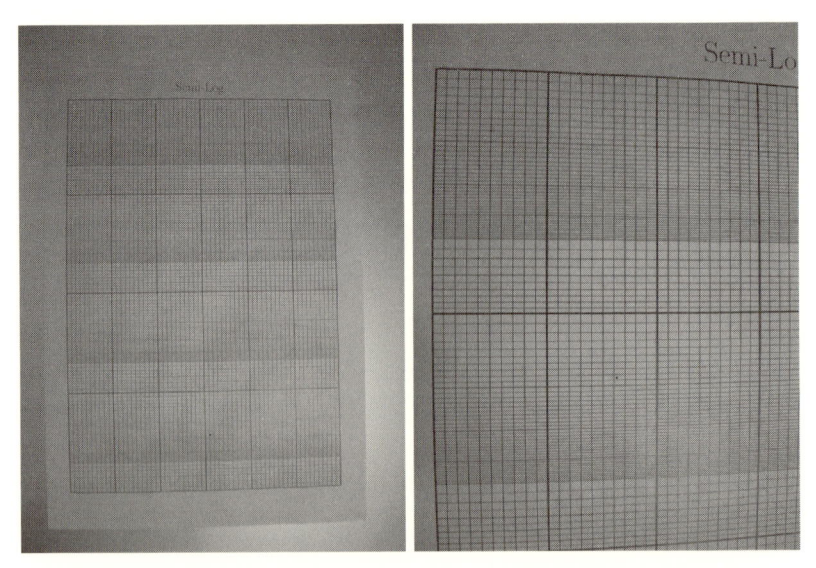

図 3-17 対数グラフ用紙(横軸はふつうの目盛、縦軸は対数軸)

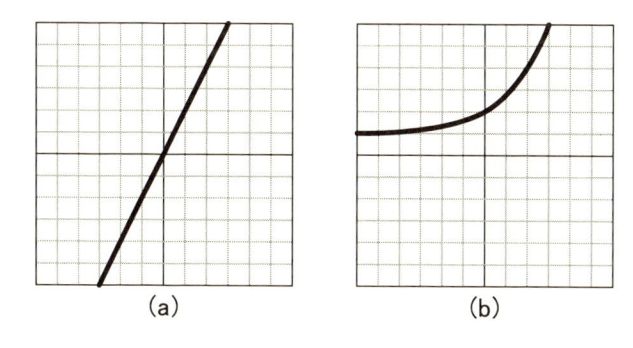

図 3-18　(a) $y = 2x$ のグラフ、(b) $y = 10^x$ のグラフ

ふつう、グラフ用紙といったら、こういう目盛のものではなくて、正方形状の線が等間隔に入っているやつのことですよね。この「対数グラフ用紙」、はたして何に使うのでしょうか。

例えば $y = 2x$ という関数のグラフを、ふつうのグラフ用紙に描くと図 3-18(a) のようになります。あたりまえですね。

次に同じように $y = 10^x$ のグラフを、ふつうのグラフ用紙に描くと図 3-18(b) のようになります。これもあたりまえですね。

では、この $y = 10^x$ のグラフを、対数グラフ用紙に描いてみましょう。対数軸といって目盛の間隔が不均等になっている方を縦に置いてみましょう。すると図 3-19 のようになります。不思議なことに、直線になってしまいました。

これは次のようなからくりです。$y = 10^x$ の、y のところを 10^Y とおきかえた式を作ってみましょう。すると $10^Y = 10^x$ となります。つまり $Y = x$ というわけで、これがあのグラフ用紙に描かれたグラフになるわ

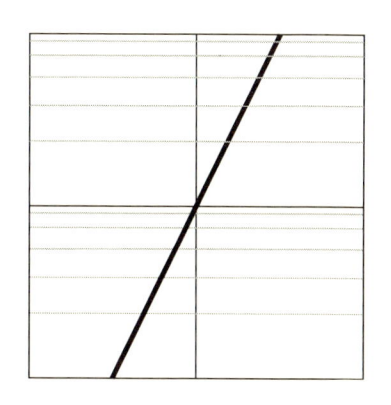

図 3-19　$y = 10^x$ を対数グラフ用紙に描いたところ

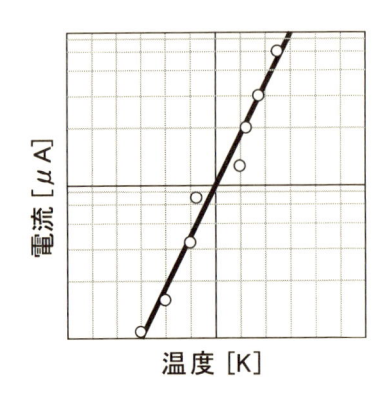

図3-20 実験から関係式 $y=a^x$ を求める方法

けですね。ちなみに $y=2^x$ のグラフだったら、$10^Y=2^x$ となりますが、これはちょっと変形をすると $2^x=10^{\log_{10}2^x}=10^{x\log_{10}2}$ となりますから、$Y=x\log_{10}2$ となります。つまり傾きが $\log_{10}2$（＝0.301）の直線グラフになります。

ようするに、指数関数 $y=a^x$ のグラフを、縦が対数軸の対数グラフ用紙に描くと傾きが $\log_{10}a$ の直線のグラフになることになります。

このように、対数グラフ用紙は、指数関数のグラフを描くときに便利なわけですね。ちなみに、実験などでよく使うのは、$y=a^x$ という関係を満たすはずのある値があって、それを測定したあとで対数グラフ用紙にそのデータの点を打ってみると、直線となるので、それの傾きから a を決める、という図3-20のような方法です。

また、$y=\log_a x$ というような対数関数のグラフの場合は、逆に横を対数軸にしてグラフを描くと、直線になります。文房具店に行って対数グラフ用紙を買って来て、ぜひ試してみてください。

例えば、RC 回路などに流れる電流のグラフを、横軸を角周波数 ω と

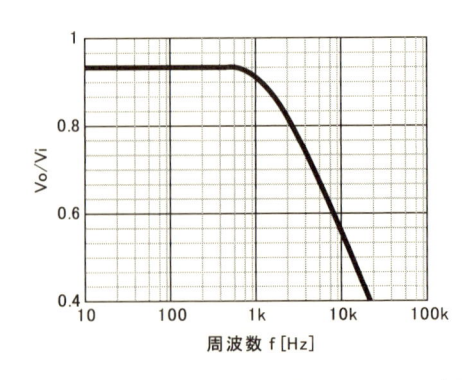

図3-21 RC 回路の周波数特性のグラフの例

して描くときは、よく対数グラフ用紙を使います（図3-21）。一般的に、周波数を10［Hz］から100［Hz］、1k［Hz］、10k［Hz］、というように、10倍ずつを等間隔に図3-21のようなグラフを描くことが多いです。

で、電気工学科の学生の人なら経験がある人も多いのではないかと思うのですが、だいたい測定するべき範囲というのが、10［Hz］から1M［Hz］までなんですね。つまり10［Hz］、100［Hz］、1k［Hz］、10k［Hz］、100k［Hz］、1M［Hz］と、10倍ずつの間が5回分あるわけです。ところが、売っている対数グラフ用紙のほとんどは、なぜかこの10倍ずつの間が4回分しかないんですよ。仕方ないので、もう1枚対数グラフ用紙を切って貼って使うことになるのですが、これがなかなか面倒で、見栄えもよくありません。5回分あるような対数グラフ用紙って、どこかに売っていないものですかね（私は学生のころ、あまりにしょっちゅう使うので、パソコンでグラフ用紙を自分で作ってプリンタで印刷して、コンビニに行って水色の単色カラーコピーをして、「特製」グラフ用紙を作っていました）。

なお、いまのは片方の軸が対数になっているグラフ用紙で、「片対数グラフ用紙」と呼びます。というのも、縦と横の両方の軸が対数軸になっているグラフ用紙もあって、こちらは「両対数グラフ用紙」と呼びます。

両対数グラフ用紙はどのようなときに使うのでしょうか？　これは、例えば$y=x^n$というように、yがxのべき乗になっているような関係の場合で、このnがわからないときに使います。実験をしてxとyを測定して、それらの関係が、$y=x^n$であるはずだ、という仮定があるが、このnがわからない、という状況を考えてみましょう。そのとき、これを図3-22のように両対数グラフ用紙にプロットしたとしましょう。そして全体をそれらしく通るように直線を引いたとします。その

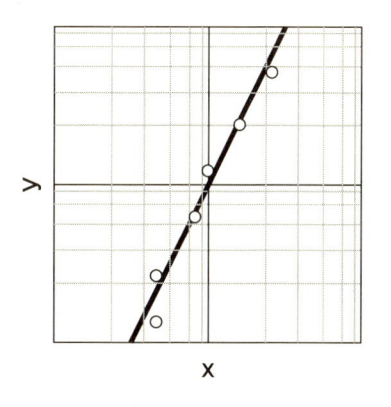

図3-22　両対数グラフ用紙で関係式$y=x^n$を求める方法

傾きを n としましょう。するとこの場合、x、y のところをそれぞれ 10^X、10^Y とおきかえたときの X と Y に対して $Y=nX$ という関係が成り立つことになります。ここで $X=\log_{10}x$、$Y=\log_{10}y$ ですから、$\log_{10}y=n\log_{10}x$ という関係が成り立つということになります。これを変形すると $\log_{10}y=\log_{10}x^n$、つまり $y=x^n$ となり、傾き n がずばり、求めようとしている n ということになります。

電気系に限らず、物理系の実験では、このような片対数・両対数のグラフ用紙をけっこう頻繁に使うことがあると思うので、ぜひ使い方を覚えておきましょう。

ビール運びロボット "電電くん"（その2）

ビール運搬ロボットに要求される機能

屋外ビアガーデンの状況を想像していただきたい。客の手元にビールを運ぶためには、順に以下のような機能が必要であると考えられる。

- ビールの入ったコップを持ち、運ぶ先を入力するとそこへ向かう。
- ビールは炭酸飲料であるので、途中ビールを運ぶ際の振動は避ける。
- 運搬の途中、他の客のじゃまにならないように障害物は自動的に避ける。
- 客のところに到着したら、その旨を客に知らせる。
- 客がビールを受け取ったら、元の場所へ戻る。

以下、各項目について知的でチャーミングなウエイトレスロボット「電電くん」の設計の際に用いた手法を紹介する（ただし今後、ウエイトレスなのになぜ「くん」なのか、ということは考えないことにする）。

コップの保持

電電くんは、ビールを運搬するためにビールの入ったコップを持たなければならない。財政の関係から、使用するコップは紙コップとなることが決定していたので、これを保持することになる。しかし、コップをロボッ

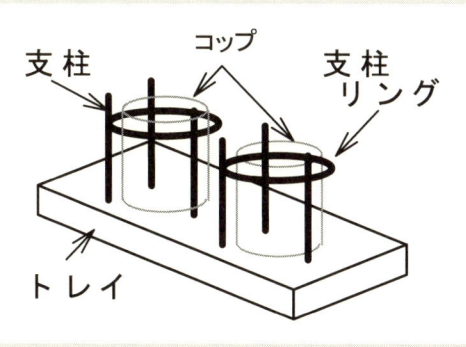

図3-14　電電くんのコップホルダー

トが手で持つというのは簡単なように見えて難しい。なぜならば、コップを握る力が強すぎるとコップがつぶれてしまい、逆に弱すぎるとコップが落ちてしまうためである。現代のハイテクをもってすればそのような制御も可能であるが、電電くんにそのような機能を搭載することは予算的に無理であるので、別の保持方法として「トレイ式コップホルダー」を採用した。「トレイ式コップホルダー」というと聞こえはよいが、なんのことはない、お盆の上にコップを置いて運ぶだけである。ただし、コップが倒れたりしないように支柱を設ける（図3-14）。

現在位置の把握
　電電くんが指定された客のところへビールを運ぶためには、どこへ向かうべきかを自分で知らなくてはならない。そのためには自分の現在位置を知る必要があるが、自分で動くロボットが現在自分がいる場所を知るということは比較的困難である。そこで、現実的な方法として以下のような方法を考える。

1. 自動車のナビゲーションシステムなどで広く用いられているGPS（Global Positioning System）を利用する。すなわちGPS衛星からの電波を受信し、それから現在位置を緯度と経度で知る。
2. 自分が進んだ向きと距離をタイヤの回転数から常時計測し、それから現在位置を計算する（図3-15）。

2.の方法は、ロボット工学では「デッド・レコニング」と呼ばれ、いわゆる相対測定（現在位置からの移動距離で位置を知る方法）であるために誤差が累積しやすく、現在位置を常時知ることができる1.の方法の方が精度が高いが、電電くんがGPSを搭載することはやはり財政的に極めて困難であるため、2.の方法を採用した。実際には方向転換のときにタイヤの回転数から自分の向きを計算し、その後直進した距離を計測する（図3-15）。

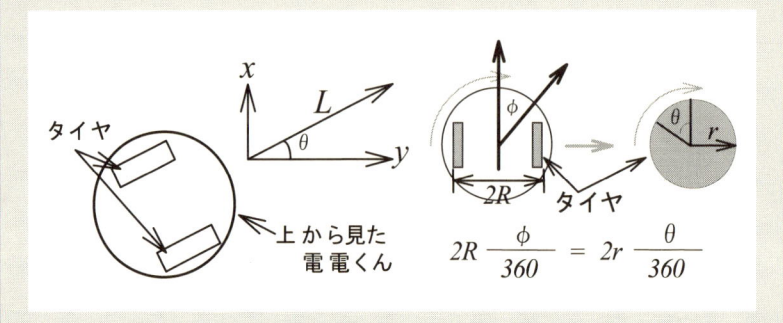

$$2R \frac{\phi}{360} = 2r \frac{\theta}{360}$$

図3-15　電電くんの位置測定

このような方法により電電くんは自分の現在位置を座標として知ることができるため、あとは目的地である客の位置を座標で指定（あるいはテーブルごとに座標をあらかじめ決めておき、そのテーブルの番号を指定）して、現在位置から目的地への最短経路を進めばよいことになる。ただし、後述のように障害物がある場合は別途考慮しなければならない。

コップの振動の吸収

コップの中に入れるものをビールという炭酸飲料に特定しているため、運搬の途中に振動が加わると、ビールに含まれる炭酸が次式のように分解してしまう。

$$H_2CO_3 \rightarrow CO_2 \uparrow + H_2O \tag{3-25}$$

この反応はビールが泡立つ原因となるため、振動はできる限り除去しなければならない。運搬中にトレイの上のビールに加わる振動には主に次の二つが考えられる。

1. 地面の凹凸による振動。
2. 電電くんが動き出すとき、および止まるときの振動。

この両者を吸収するため「ウオーター・ショックアブソーバー」を採用した（図3-16）。といっても何も仰々しいものではなく、平たいビニール袋に密封した水の上にプラスチックの板を置き、その上に前述の「トレイ式コップホルダー」を置いただけのものである。しかしその振動吸収の効果は大きく、電電くんが比較的急な発進と停止をおこなった場合でも、ビールの泡立ちを業務上問題ない程度に抑えることができた。

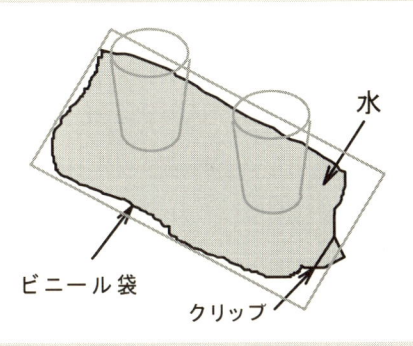

図3-16　電電くんの振動吸収機構

(以下、81ページへ続く)

第4章
移り変わりの現象

4.1. 電源スイッチを入れてから…

　ここまでは、電池などの電源に、抵抗やコンデンサ、インダクタといった負荷がつながった回路の中の電圧や電流について考えてきました。もう少し細かくいうと、これらの電圧や電流は、ずっと一定の値となっていました。つまり、いま1[A]流れていれば、1分後も、1日後も、ずっと1[A]流れているはずです。これは物理的な言い方をすると、時間と共に変化しない状態で、**定常状態**といいます。

　しかし世の中の現象は、定常状態ばかりではありません。例えば、部屋の蛍光灯のスイッチをONにしてみましょう。そうすると、はじめ蛍光灯がチカチカ（最近のはチカチカしませんかね…）して、数秒たった後にちゃんとつきます。他にも、例えば部屋のエアコンのスイッチを入れると、最初は冬であれば暖房、夏であれば冷房になって部屋の温度が変わっていき、最終的に設定温度となって安定します。この蛍光灯がチカチカしていたり温度が変わっている間の現象は、最終的に状態が安定して定常状態となるまでの途中経過であるわけですが、これを**過渡現象**と呼びます。つまり、ある定常状態から、別の定常状態へ移る途中過程が過渡現象です。この章では、この過渡現象について考えてみましょう。

　ここでまた、少し実験をしてみましょう。図4-1のように、電池に抵

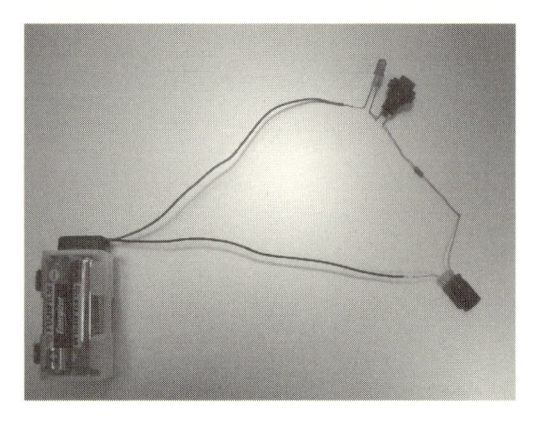

図 4-1　R、C とスイッチからなる回路

抗とコンデンサと、LED（発光ダイオード）という電流を流すと光る部品をつないだ回路を作ってみます。最初、コンデンサには電荷がたまっていないとしてみましょう（これはコンデンサの二つの電極をショートしてやれば OK です）。

スイッチを ON にしてみると、回路を流れる電流はどのようになるでしょうか。あるいは LED の明るさはどのようになるでしょうか。

ちょっと見当がつきませんので、また例の水の流れのアナロジーを使ってみましょう。前にも使ったように、電池は水源、抵抗は水路です。そしてコンデンサは、水をためておく水槽だと考えましょう。つまり図 4-2 のような感じです。

スイッチを ON にする、ということは、水を堰き止めているバルブを

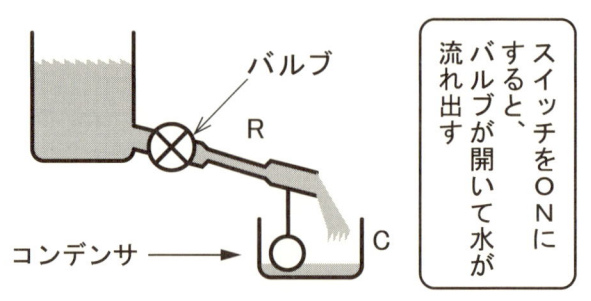

図 4-2　RC 回路のアナロジー

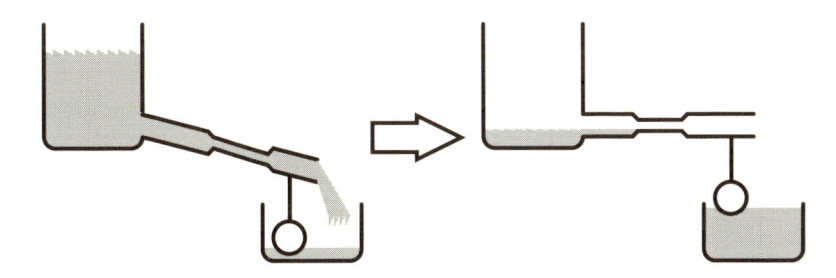

図 4-3　水槽の構造

開く、ということですから、その後は水が水路を通って流れていき、だんだん水槽にたまっていく、ということが直感的にわかります。少々細かい話ですが、コンデンサの抵抗に相当する水路の傾きは、水槽の水位の高さに連動していて、水位が高くなるとそれにつられて水路の傾きが緩やかになり、水源との高さの差が小さくなって水の流れが少なくなる、というような細工があるとしましょう。このような細工があるので、図 4-3 のように流れる水はだんだん少なくなっていき、最終的に水槽の水位が水源と同じ高さになったとき、水の流れが止まってしまいます。

　これを電気の回路として考えてみましょう。さきほどの回路を回路図で描くと図 4-4 のような感じです。時刻 $t=0$（こう書くといきなり物理っぽい言い方になりますね）でスイッチを ON にしたとすると、最初はコンデンサに電荷がたまっていないのでどんどん電流が流れて、水槽に水がたまるように、コンデンサに電荷が充電されていくと考えられます。しか

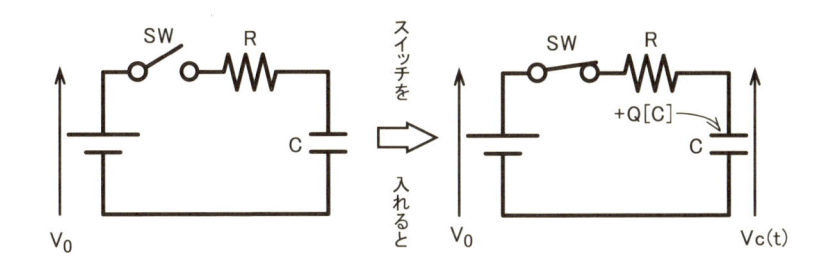

図 4-4　R と C の過渡現象を解く

し、電荷がたまるにつれて水槽の水位に相当するコンデンサの電圧 V_C が上昇し、抵抗の両端の電圧が小さくなっていってしまいます。これによって次第に流れる電流が少なくなっていき、最終的には電池とコンデンサが同じ電圧となって電流が流れなくなる、と考えられます。

実際さきほどの LED の様子を観察してみると、最初は明るいのですが、次第に暗くなっていき、最後は消えてしまいます（本の中では実際に実演ができないのが残念ですが…）。

ここまで考えてきたような現象が、スイッチを ON にした後に起こる現象、つまり過渡現象であると考えられますが、コンデンサに電荷がたまるまでの時間について、もう少し考えてみましょう。水槽に水がたまるまでにかかる時間を決める要因は二つあると考えられます。一つは水路の太さです。水路が太いほど、水が一気に流れるので水はすぐにたまります。逆に水路が細いと、なかなか水は流れませんから、水はすぐにはたまりません。もう一つは水槽の大きさです。水槽が大きいほど、水がたまるのに時間がかかります。つまり、水路が細いほど、また水槽が大きいほど、水がたまるのに時間がかかります。

電気の回路として考えてみれば、水路が細い、というのは抵抗 R が大きい、ということに対応しています。また水槽が大きい、というのは静電容量 C が大きい、ということに対応しています。つまり、コンデンサに電荷がたまるまでの時間は、R が大きいほど、C が大きいほど、長くなります。もう少し数学的にいうと、コンデンサに電荷がたまるまでの時間は RC に比例すると考えられます。このあたりを、数式を使ってもう少し詳しく考えてみましょう。

4.2. 過渡現象を考える

改めて、いま考えようとしている抵抗とコンデンサからなる回路の回路図を見てみます。コンデンサの両端の電圧を $V_C(t)$、流れる電流を $i(t)$ としてみます。ちなみにこの (t) というのは、これらが時間と共に変わる、つまり時刻 t の関数であることを表すための数学的な書き方です。そ

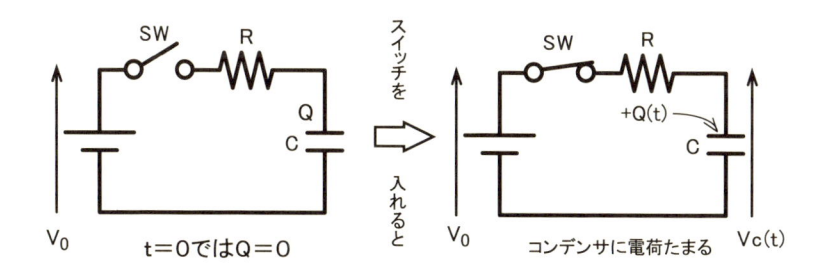

図4-5　RとCの過渡現象を解く（再）

してコンデンサにたまっている電荷を$Q(t)$とし、時刻$t=0$でスイッチをONにした、としてみます。これは、コンデンサの充電です。スイッチをONにする前にはコンデンサには電荷がたまっていないと仮定していますので、時刻$t=0$では電荷は0、すなわち$Q(0)=0$としましょう。

前の章でも出てきましたが、コンデンサの電圧$V_C(t)$とたまっている電荷$Q(t)$、静電容量Cの間には$V_C(t)=Q(t)/C$という関係があります。また抵抗Rの両端の電圧はオームの法則から$Ri(t)$ですから、この回路について次のような関係が成り立ちます。

$$V_0 = Ri(t) + \frac{Q(t)}{C} \tag{4-1}$$

ここでV_0は電池の電圧です。この方程式を解けば、電流$i(t)$が時間と共にどのように変化するかを知ることができるはずです。ではこれを解いていってみましょう。ちょっと数学ちっくな技法がたくさん出てきますので、ちょっとつらくなった人は、適宜読み飛ばしていってください。

この(4-1)式の両辺をtで微分してみます。すると$Q(t)$をtで微分したものは、前の章でも出てきましたが電流$i(t)$となりますので、次のような式になります。

$$0 = R\frac{di(t)}{dt} + \frac{i(t)}{C} \tag{4-2}$$

これを次のように変形しておきましょう。

$$\frac{\mathrm{d}i(t)}{\mathrm{d}t} = -\frac{1}{RC}i(t) \tag{4-3}$$

この方程式には、時間 t で微分したものが項として入っていますが、このような方程式を **微分方程式** といいます。微分方程式を解く方法というのは、これまたこれだけで1冊の本になってしまうほどのものなので、ここですべてを見ていくわけにはいきません。でも、かなり便利な、ある一つの方法を紹介しておきましょう。これは覚えておいても損はないはずです。

ちょっと唐突ではありますが、

$$\frac{\mathrm{d}x(t)}{\mathrm{d}t} = ax(t) \tag{4-4}$$

という形の微分方程式の解は、k を定数として次のような形になります。

$$x(t) = ke^{at} \tag{4-5}$$

その理由は、前の章で見てきた指数関数の性質から、$\mathrm{d}(e^{at})/\mathrm{d}t = ae^{at}$ となるので、(4-4) 式の左辺と右辺は等しくなるためです。すなわちこれは (4-4) 式の微分方程式を満たす、つまりこの微分方程式の解となるわけです。どうしてこんなことを思いつくんだろう？ ということは、考えないことにしておきましょう。なんたって数学というのは数千年の歴史があるんですから、その中には頭のいい人がいっぱいいるわけです。そんな人たちにかなうわけがありません。なので私たちは、頭のいい先人たちが考えついた結果を、ありがたく使わせてもらうことにしましょう。

さて、いま解こうとしている、抵抗とコンデンサからなる回路の微分方程式をもう一度書いておきましょう。

$$\frac{\mathrm{d}i(t)}{\mathrm{d}t} = -\frac{1}{RC}i(t) \tag{4-6}$$

いま求めようとしている $i(t)$ を、次の形に仮定してみましょう。

$$i(t) = i_0 e^{at} \tag{4-7}$$

ここで i_0 と a は定数です。この i_0 と a が求められれば、いま求めようと

している電流 $i(t)$ の式が求められるわけです。これを元の微分方程式に代入してみると、次のようになります。

$$\frac{\mathrm{d}i(t)}{\mathrm{d}t} = ai_0 \mathrm{e}^{at} = -\frac{1}{RC} i_0 \mathrm{e}^{at} \tag{4-8}$$

ところで、この式の両辺は等しく、$i_0 \mathrm{e}^{at}$ の部分が共通ですから、その前についている係数は両辺で等しいはずです。したがって、次のような式が成り立ちます。

$$a = -\frac{1}{RC} \tag{4-9}$$

おっと、なんと a が求められてしまいました。なんだかあっけなかったですね。この時点での $i(t)$ はこんな感じです。

$$i(t) = i_0 \mathrm{e}^{-t/RC} \tag{4-10}$$

まだ i_0 が求められていませんが、これはこう考えましょう。時刻 $t=0$ では、コンデンサには電荷がたまっていませんので、$Q(0)=0$ で、したがって $V_C(0)=0$ です。つまり $t=0$ の時点では、電池の電圧 V_0 がすべて抵抗 R にかかりますので、この時点での電流 $i(0)$ はオームの法則から V_0/R です。一方、(4-10) 式に $t=0$ を代入すると $i(0) = i_0 \mathrm{e}^0 = i_0$ となります。したがって $i_0 = V_0/R$ と、これまた i_0 も求められてしまいました。最終的な電流 $i(t)$ は次のような式になります。

$$i(t) = \frac{V_0}{R} \mathrm{e}^{-t/RC} \tag{4-11}$$

これは、図4-6のような感じのグラフになります。この章の最初の方で想像していた、時間と共に電流が減っていって最後は0になる、という感じになっています。なんとなく予想通りですね。

なかなか大変な式変形ばかりでした。微分方程式を解く、ということをしてきたのですから当然なのですが、これからも微分方程式を使いそうな人は、ぜひ覚えておいてください。そうでもなさそうな人は、この最終結果のグラフだけ、わかってもらえればOKです。

もうちょっと考えを進めて、コンデンサの電圧 $V_C(t)$ も式で求めてお

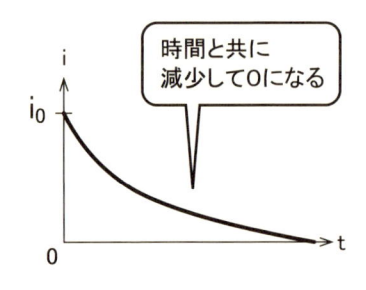

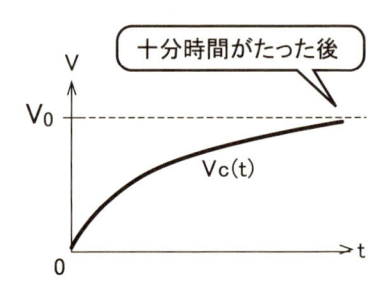

図4-6 求められた電流の変化の
グラフ

図4-7 求められたコンデンサの電圧
の変化のグラフ

きましょう。$V_0 = Ri(t) + V_C(t)$ という関係がありましたから、$V_C(t)$ は次のようになります。

$$V_C(t) = V_0 - Ri(t) = V_0 - R\frac{V_0}{R}e^{-t/RC} = V_0(1 - e^{-t/RC}) \quad (4\text{-}12)$$

これをグラフにすると図4-7のような感じになりますが、十分時間がたった後、というのを考えてみましょう。数学的には $t \to \infty$ の極限を求めることになりますが、このとき $e^{-t/RC} \to 0$ となりますから、次のようになります。

$$\lim_{t \to \infty} V_C(t) = V_0 \quad (4\text{-}13)$$

おや、電池の電圧と同じになってしまいました。これまた、最初に想像していたとおりの結果ですね。ちなみに高校で物理を習っていた人は、コンデンサの回路を習ったときに、「十分時間がたった後」という言葉がよく出てきたのではないでしょうか。問題文の注釈としても、十分時間がたった後とする、と書いてあったのではないかと思います。そしてこの「十分時間がたった後」には、コンデンサの電圧はつながっている電池と同じになる、ということを使って問題を解きましたよね。いまの結果はまさにそれで、十分時間がたった後、すなわち $t \to \infty$ となれば $V_C = V_0$ となる、ということが、数式として導かれたわけです。高校の物理では、ちょっとごまかしてあった部分を、ちょっと大変ではありましたが、式ではっきり

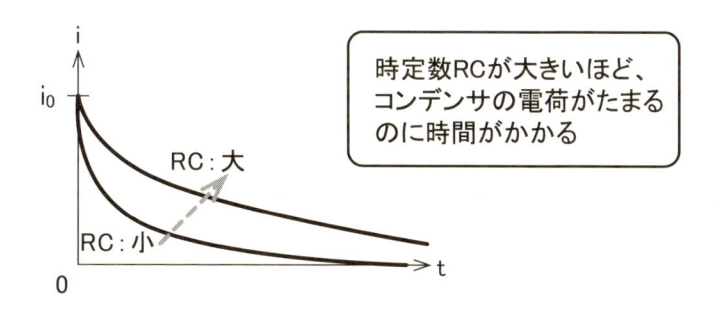

図 4-8　*RC* の大きさによる過渡現象の違い

求めることができました。

いやはや、これまた数式と物理が出てきてしまいましたが、ここから後は、電気回路としての現象の本質ですので、もう少しがんばってください。最終結果の $i(t)$ をもう一度見てみましょう。

$$i(t) = \frac{V_0}{R} e^{-t/RC} \tag{4-14}$$

この指数関数の部分に、*RC* という項があります。この *RC* のことを**時定数** (time constant) と呼びますが、これは実は $i(t)$ の変化のスピードを決める要素です。つまり、時定数 *RC* が大きいと、*t* がそれに見合うだけ大きくならないと電流 $i(t)$ が小さくならないわけです。これはコンデンサに電荷が充電されるのに時間がかかることを意味します。すなわち、時定数 *RC* の大きさによって、$i(t)$ のグラフは図 4-8 のように変わります。これも、最初の方で想像していた、*RC* が大きいほどコンデンサに電荷がたまるのに時間がかかる、という予想と一致していますね。

残念ながら本の中では実験はできませんが、例えば $R=1[\text{k}\Omega]$、$C=470[\mu\text{F}]$ とした回路を作ってみると、この場合は $RC=0.47[秒]$ となります。ようするに、約 0.47 秒でコンデンサへの充電がおわります。それに対して $R=1[\text{k}\Omega]$、$C=100[\mu\text{F}]$ とした回路では $RC=0.1[秒]$ となり、最初のものよりも速く充電がおわってしまいます。つまり、LED がすぐにふぅっと暗くなるわけです。もちろん、*R* と *C* の値を変えても、時定数 *RC* が同じであれば充電の時間は同じになります。実際 $R=220[\Omega]$、$C=$

470[μF]とした回路を作ってみると、$RC=0.103$[秒]となりますから、さきほどの回路とほぼ同じ時間で充電がおわって LED が暗くなってしまいます。機会があれば、ぜひ実験してみてください。

4.3. 続・過渡現象を考える

少し違う回路を考えてみましょう。違う回路といっても、さっきはコンデンサに電荷をためる回路でしたが、こんどは逆にコンデンサにたまった電荷をなくす、放電の現象を考えてみましょう。これも数式が出てきますので、つらくなった人は最後の結果の部分だけ見ておいてください。

図 4-9 のような回路を考えてみます。つまり、電圧 V_0 となるように電荷がすでに充電されたコンデンサ C があって、スイッチを通して抵抗 R がつながっています。そして時刻 $t=0$ でスイッチを ON にすると、コンデンサの電荷が抵抗 R の方へ流れていき、最終的にはすべての電荷がなくなってしまうはずです。

この場合、この回路が満たす方程式は次のようになります。

$$V_C(t) = Ri(t) = \frac{Q(t)}{C}, \quad Q(0) = Q_0 \tag{4-15}$$

ここで Q_0 は最初にコンデンサにたまっていた電荷ですが、このときのコンデンサの電圧が V_0 ですから、$Q_0 = CV_0$ となります。さてこの場合、コンデンサからどんどん電荷が出ていくわけですが、流れる電流はコンデ

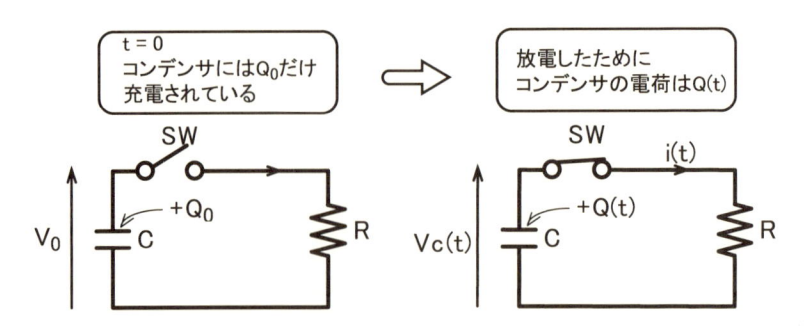

図 4-9 充電されたコンデンサの過渡現象

ンサの電荷の減少分ですので、これを式にすると次のようになります。

$$\frac{dQ(t)}{dt} = -i(t) \tag{4-16}$$

これを（4-15）式に代入すると次のようになります。

$$\frac{di(t)}{dt} = -\frac{1}{RC}i(t) \tag{4-17}$$

なんだか似たような式になってきましたね。さきほどと同じように $i(t) = i_0 e^{at}$ という形の解を仮定して、これを（4-17）式に代入してみましょう。すると、さっきのときのように $a = -1/RC$ となり、電流 $i(t)$ が次のように求められます。

$$i(t) = i_0 e^{-t/RC}, \quad i_0 = V_0/R \tag{4-18}$$

さっきと似たような形の結果になりましたね。ちなみにこの場合、ちょっと計算をしてみると、コンデンサの電圧 $V_C(t)$ は $V_C(t) = V_0 \cdot e^{-t/RC}$ となります。

この、コンデンサの電荷が出ていくという現象は、水のアナロジーで考えてみれば、図4-10のように水槽の底に水の出口があって、そこから水が抜けていく現象と考えることができます。つまり、水が少なくなってくると流れる水が少なくなり、水が抜ける速さ、つまり電荷が出ていって電流が少なくなるまでの時間は、やっぱり時定数 RC に比例することになります。充電のときと同じですね。

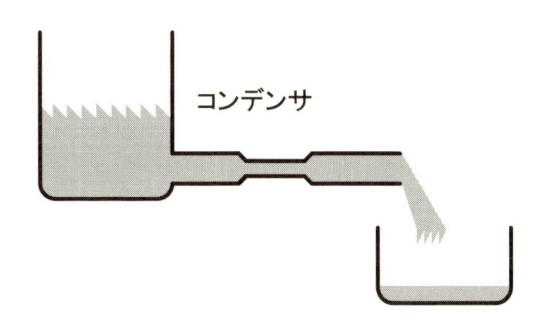

図4-10　コンデンサが放電されていく様子のアナロジー

このように、コンデンサの充放電の現象に限らず、過渡現象を考えるときには、おおよそ現象の変化が落ち着くまでの時間として時定数を考えると、とても便利なので、ぜひこの考え方を覚えておきましょう。

4.4. インダクタを使った回路（過渡現象編）

ここまで、抵抗とコンデンサからなる回路の過渡現象を見てきたわけですが、何か足りないものに気づきましたか？　そう、インピーダンスのときもそうでしたが、インダクタが出てきていません。というのも、インピーダンスのときと同じように、インダクタが入ってくると、ちょっと挙動があやしくなります。あやしい、ということは、面白い、ということでもあり、ちょっと（いや、かなり）難しい、ということでもあるのですが、ここでは、ちょっと背伸びをして、インダクタを使った回路の過渡現象を考えてみましょう。

まず前提として、図4-11のように、抵抗・インダクタ・コンデンサからなる回路を考えてみます。ただしコンデンサCは、あらかじめ電荷がQ_0だけたまっていて、両端に電圧V_{C0}があるとしましょう。コンデンサの関係式を使えば、$Q_0 = CV_{C0}$を満たしているわけです。

この充電されたコンデンサにつながっているスイッチを、時刻$t=0$でONにしたとしましょう。すると、やはりコンデンサにたまっている電荷が、右の方にある抵抗やインダクタの方へ流れていく、ということが起こ

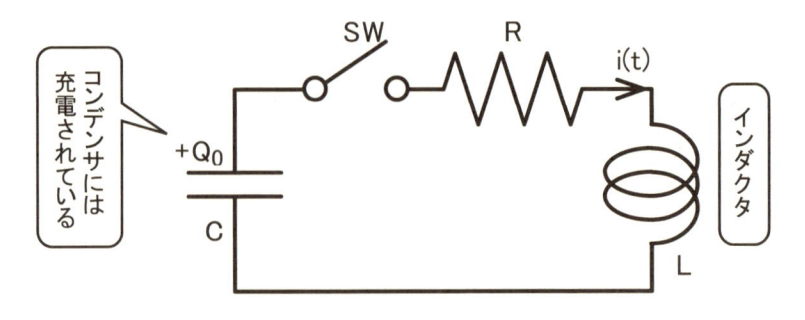

図4-11　L、C、Rからなる回路

るはずです。このことをもう少し詳しく考えてみましょう。

　この回路に流れる電流を、時刻 t の関数として $i(t)$ としてみます。よく考えると、この電流が流れる原因になったのはコンデンサにたまっていた電荷です。つまり、この電荷が減った分だけ、右の方に電流として流れていったわけです。すなわち、「コンデンサの電荷の減少分＝電流」ということになりますから、これを式にすると次のようになります。

$$-\frac{dQ(t)}{dt} = i(t) \tag{4-19}$$

ただし、$Q(t)$ は時刻 t においてコンデンサにたまっている電荷です。時刻 $t=0$ のときは、この電荷は Q_0 でしたから、$Q(0)=Q_0$ となります。

　さて、コンデンサの両端の電圧を $V_C(t)$ としてみましょう（これも時刻 t とともに変わっていくので、時刻 t の関数になっています）。これは、コンデンサの電荷 $Q(t)$ とは $Q(t)=CV_C(t)$ という関係になっているはずですから（何度も出てきたコンデンサの式ですね）、これをちょっといじると、次のような式になります。

$$V_C(t) = \frac{Q(t)}{C} = Ri(t) + L\frac{di(t)}{dt} \tag{4-20}$$

むむむ。この式の最初の部分は、さっきのコンデンサの式を変形しただけです。そして後半の部分は、回路全体にかかっている電圧が満たしている関係（Kirchhoff の電圧則）です。つまりコンデンサの両端の電圧は、抵抗の電圧 $Ri(t)$ と、インダクタにかかっている電圧（誘導起電力）$V_L(t)$ の和に等しいわけです。このインダクタの電圧 $V_L(t)$ は、前の章の（3-21）式に、さりげなく出てきた式です。忘れていた人は、こんな式もあったっけ、という程度で構いませんから少しだけ思い出しておいてください。

　さて、この式をもう少しいじってみましょう。この式の両辺を t でもう1回微分してみると次のようになります。

$$\frac{1}{C}\frac{dQ(t)}{dt} = R\frac{di(t)}{dt} + L\frac{d^2i(t)}{dt^2} \tag{4-21}$$

ここで（4-19）式を代入して、少しだけ変形すると次のような式になり

ます。

$$\frac{\mathrm{d}^2 i(t)}{\mathrm{d}t^2} + \frac{R}{L}\frac{\mathrm{d}i(t)}{\mathrm{d}t} + \frac{1}{LC}i(t) = 0 \tag{4-22}$$

だいぶややこしい式になりました。この式は、時刻 t で微分したものが入った方程式ですから微分方程式の一種なのですが、2回微分したものが入っているのが、いままでとは違います。このような方程式を**2階の線形常微分方程式**と呼びますが、これを解いてみましょう。

といっても、どこから手をつけたらいいのかさっぱりわかりません。そこで、とりあえず、ということで、抵抗とコンデンサの回路を解いたときと同じように、求める電流が次のような式になっていると、少し唐突ではありますが仮定をしてみましょう。

$$i(t) = i_0 \mathrm{e}^{at} \tag{4-23}$$

ここで i_0 と a は定数です。前のときは、この i_0 と a がちゃんと求められてうまくいきました。

まずは、これを元の微分方程式に代入してみましょう。その前にちょっと準備をしておきます。この式を時刻 t で1回と2回、微分をしておくと次のようになります。

$$\frac{\mathrm{d}i}{\mathrm{d}t} = ai_0 \mathrm{e}^{at} = ai(t)$$

$$\frac{\mathrm{d}^2 i}{\mathrm{d}t^2} = \frac{\mathrm{d}}{\mathrm{d}t}\left(\frac{\mathrm{d}i}{\mathrm{d}t}\right) = a^2 i_0 \mathrm{e}^{at} = a^2 i(t)$$

結局2回微分しても、元の $i(t)$ の前に a^2 がつくだけなんですね。これらの式を、元の方程式の (4-22) 式に代入をしてみましょう。すると次の式が得られます。

$$\left(a^2 + \frac{R}{L}a + \frac{1}{LC}\right)i(t) = 0 \tag{4-24}$$

なんと、微分の記号が消えてしまいました。これなら、なんとかなりそうです。この式をよく見てみると、$i(t)$ は0ではないはずなので、左側の大きい括弧の中が0になることが必要になります。つまり次の式を満た

すわけです。

$$a^2 + \frac{R}{L}a + \frac{1}{LC} = 0 \tag{4-25}$$

思い出してみると、いま求めようとしているのは a でした。つまり、この a に関する方程式を解けばよいわけです。といってもよく見ると、この式は a の 2 次式が入っています。ようするに、a の 2 次方程式であるわけですから、中学校で習う「2 次方程式の解の公式」を使えば一発で求められます。念のため確認をしておくと、2 次方程式の解の公式は次のような式のことでした。

$$ax^2 + bx + c = 0 \quad \rightarrow \quad x = \frac{-b \pm \sqrt{b^2 - 4ac}}{2a} \tag{4-26}$$

これを使うと、(4-25) 式の解は次のようになります。

$$a = -\frac{R}{2L} \pm \sqrt{\frac{R^2}{4L^2} - \frac{1}{LC}} \tag{4-27}$$

なんだかややこしい式になってきました。具体的な値を代入して考えてみましょう。例えば $R = 22\,[\Omega]$、$L = 300\,[\mu H]$、$C = 0.082\,[\mu F]$ という値を使った回路だと仮定をしてみましょう。これらの値を使って計算をしてみると、(4-27) 式で求められた a の式の、$\sqrt{}$ の中（判別式）は次のようになります。

$$\frac{R^2}{4L^2} - \frac{1}{LC} = -3.93 \times 10^{10} \tag{4-28}$$

負の値になってしまいました。つまり、この場合の a は元の 2 次方程式の判別式が負、ということで、複素数ということになります。

なんかいやな予感がしますね。でももうちょっと先へ進みましょう。

a が複素数なのですから、実部と虚部があるはずです。仮に $a = -k + j\omega$ とおいてみましょう。つまり実部を $-k$、虚部を ω とするわけです。ちなみにいまの場合、$k = 3.67 \times 10^4$、$\omega = \sqrt{3.93 \times 10^{10}} = 1.98 \times 10^5$ となります。

もともと求めようとしていたのは電流 $i(t)$ でしたが、これは (4-23) 式で、$i(t) = i_0 e^{at}$ と仮定をしていました。つまり、求められる電流 $i(t)$ は次のようになります。

$$i(t) = i_0 e^{(-k+j\omega)t} = i_0 e^{-kt} e^{j\omega t}$$
$$= i_0 e^{-kt}\{\cos \omega t + j \sin \omega t\}$$

電流 $i(t)$ は実際に私たちが観測できる量なので実数のはずですから、この式の実数の部分だけをとることにして、最終的に次のようになります。

$$i(t) = i_0 e^{-kt} \cos \omega t \qquad (4\text{-}29)$$

だいぶ具体的に求まってきました。

これのグラフを描いてみたいのですが、少々複雑ですね。数 III をとっていた人なら、これを微分して増減表を書いてグラフを描く、なんてこともできるはずなのですが、ここでは、そこまで厳密なグラフを描くことはせずに、もう少し直感的に描いてみましょう。

この式は、よく見ると、e^{-kt} という項が、$\cos \omega t$ という項の前についています。$\cos \omega t$ は何度も出てきた正弦波のグラフの式です。そしてその前につく項は、この正弦波の上下の振れ、すなわち、振幅に対応するはずです。つまり、$100 \cos \omega t$ ならば振幅が 100 というわけです。ところがいまの場合、この振幅の部分が $i_0 e^{-kt}$ という式になっています。ということは、この正弦波の振幅が、時刻 t と共に変わっていく、と考えれば済

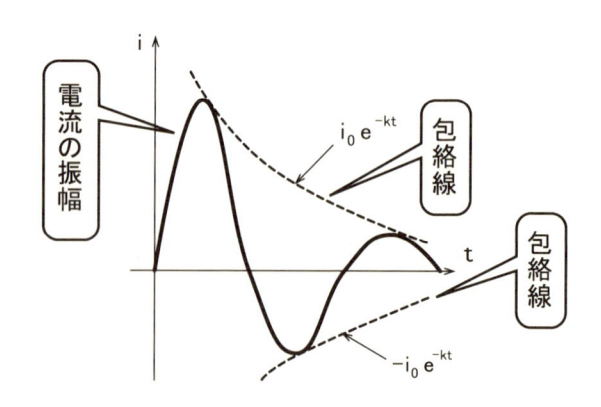

図 4-12　LCR 回路の電流 $i(t)$ のグラフ

みそうです。ようするに図 4-12 のように、基本的には三角関数のグラフの正弦波なんだけど、その上端と下端の振幅が、それぞれ点線のような $i_0 e^{-kt}$ と $-i_0 e^{-kt}$ のグラフになる、ということです。ちなみに、この上下端に相当する点線のグラフを、このグラフの**包絡線**（ほうらくせん）と呼びます。

以上のことから、このような場合に回路に流れる電流 $i(t)$ は、図 4-12 のように、時間と共にだんだん振幅が減っていく、一風変わった正弦波のようなグラフになります。このように、時間と共に上下に振動しながら、振幅が減少していくグラフを**減衰振動**と呼びます。

このように、ここで仮定したような L、C、R の値の場合は減衰振動となったわけですが、もちろんこれ以外の場合もありえます。そもそも、この回路の電流 $i(t)$ の形を決めるのは a の値です。そしてこの a を求める方程式である（4-25）式の解の種類によって変わってきます。さらに、(4-25) 式は 2 次方程式でしたから、その解は、二つの実数解、重解、複素数の解（虚数解）の場合の 3 通りしかありえません。そしてそれらを区別するのは（4-27）式の $\sqrt{}$ の中、つまり判別式の値が正か 0 か負か、によって決まってきます。さきほど見てきたのは複素数の解の場合でしたが、これ以外の二つの場合もありうる、というわけです。

だいぶややこしくなってきましたが、a が複素数のときに減衰振動になったのは、次のような理由でした。

- a が複素数なので、$a = -k + j\omega$ とおける
- $i(t) = i_0 e^{at}$ だったので、この場合は $i(t) = i_0 e^{-kt} e^{j\omega t}$ となる
- この $e^{j\omega t}$ の部分から $\cos \omega t$ が出てくるので、正弦波のような振動が起こる

つまり、a が複素数だったからこそ、振動が起こっていたわけです。逆にいえば、a が実数の場合は振動が起こりません。

例えば a が二つの実数解 $a = -k_1$, $-k_2$ となったとしましょう。すると、電流 $i(t)$ としては、次の二つの式がありえます。

$$i(t) = i_1 e^{-k_1 t}, \quad i(t) = i_2 e^{-k_2 t} \tag{4-30}$$

そしてこれらの両方とも、もとの微分方程式を満たしている、つまり、いま起こっている現象を表すものであるわけです。そこでこれらを足してしまって、ふつうは次のような形で求めておきます。

$$i(t) = i_1 e^{-k_1 t} + i_2 e^{-k_2 t} \tag{4-31}$$

これのグラフは、正弦波になってくる項が出てきませんから、ふつうの指数関数グラフ、つまりただの右下がりのグラフになります。

結局、L、C、R からなる回路に流れる電流 $i(t)$ の形は、L、C、R の値によって次の3通りに分類ができます。

---

1. $R^2/4L^2 - 1/LC < 0$ のとき
   a が複素数になる。その結果、$e^{j\omega t}$ という項が出てくるので正弦波のような振動の項が出てきて、結果として減衰振動になる。
2. $R^2/4L^2 - 1/LC = 0$ のとき
   a が重解で一つしかないので、時間と共に単調に指数関数的に減少するグラフになる（このような現象を**過減衰**と呼びます）。この場合、振動の項は出てきません。
3. $R^2/4L^2 - 1/LC > 0$ のとき
   a が二つの実数になるので二つの指数関数の和の形で減衰する。つまり $i(t) = i_1 e^{-k_1 t} + i_2 e^{-k_2 t}$ のような形になります。この場合も、振動の項は出てきません。

以上をまとめると、電流 $i(t)$ の変化のグラフとしては、図4-13のような3通りがありうる、というわけです。それらのいずれになるかは、回路に使う L、C、R の値によって決まります。

でもよく考えたら、ぱっと見ぜんぜん違う図4-13のようなグラフが、いずれも $i(t) = i_0 e^{at}$ という一つの式で表すことができるというのも、なかなか不思議な話です。このあたりは、なかなか奥が深い数学の話になる

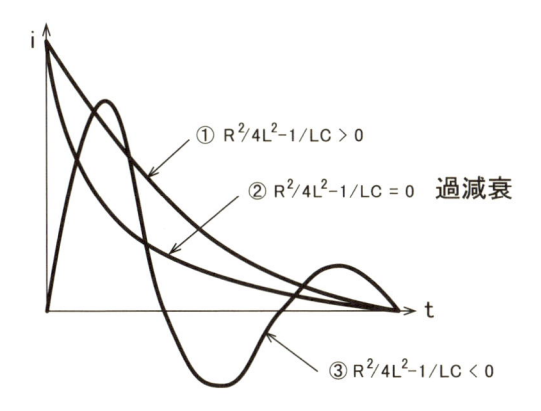

図 4-13　LCR 回路の過渡現象の三つのパターン

グラフ中のラベル:
① $R^2/4L^2 - 1/LC > 0$　過減衰
② $R^2/4L^2 - 1/LC = 0$
③ $R^2/4L^2 - 1/LC < 0$

ので、興味がある人は他の本をあたってみてください。

ビール運びロボット "電電くん"（その3）

障害物の回避

　前述の方法によって電電くんが自分の現在位置を把握できれば、あとはビールを持って客の待つテーブルへまっすぐ向かえばよい。しかし電電くんがビールを運ぶ状況としてビアガーデンを想定しているため、他の客やテーブルなど多くの障害物に遭遇することが十分考えられる。そこで事前に障害物を検知してそれを回避することが必要となる（電電くんは「人にやさしく」を目標にしているので、間違っても自らぶつかっていくなどということはしてはいけない）。

　まず障害物の検知の方法として「超音波障害物検知システム」を採用した。

　はじめに超音波発信器から超音波を前方に向かって発信する。前方に障害物がない場合はその超音波は帰ってこないが、障害物がある場合には反射が起こって帰ってくるため、これを超音波検知機で受信する（図4-

14)。なお、超音波を発信してから受信するまでの時間を測定することで、障害物までの距離を測定することもできる。

　この探知器によって障害物を検知した場合、電電くんはまず警告を発する。しかしその警告音も「ブー」というような電子音では味気ないので、「人にやさしい」電電くんは「音声合成システム」を採用した。これは人の声を模擬し、あたかも「喋っている」ように音を発するものである（詳細は後述）。これにより、電電くんは障害物を検知したら「どいてください」とやさしく声をかけて進路を譲るよう促す（いや、人にやさしい電電くんであるので、「促す」のではなく「お願いする」というべきであろう）。

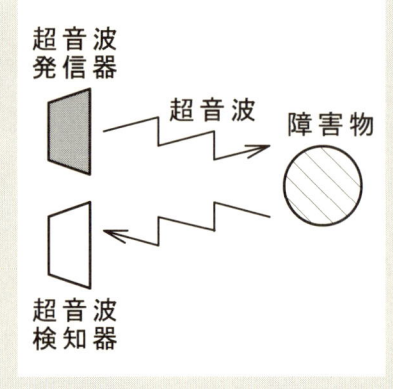

図4-14　電電くんの障害物検出

　この方法によれば、障害物が心のやさしい人の場合は引き続き進めばよいが、心のやさしくない人、あるいはテーブルのようなものが障害物の場合には自ら回避を行わなければならない。そこで警告を発してからしばらくの間待ち、それでもその障害物が動かない場合に回避行動を行う（図4-15）。

到着後のサービス

　電電くんが道中の障害物などの幾多の困難を乗り越えて目的地である客のところへ到着したら、その旨(むね)を客に知らせなければならない。ただぶっきらぼうにビールを差し出すのは何とも味気ないので、前述の「音声合成システム」をここでも流用する。

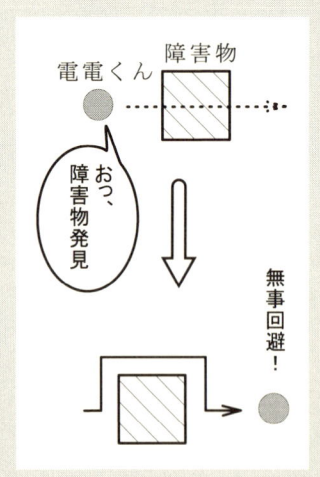

図4-15　電電くんの障害物回避行動

まず、元になる音声を合成し、その波形を数値として記録する。そして必要なときにこれと逆の過程によってスピーカを鳴らすことで音声合成が実現される（図4-16）。電電くんにはあらかじめ8種類の音声データを保持させ、必要なものを選択できるようにした。なお、元になる声は、誰かにしゃべってもらうのが一番よく、その声も、むさくるしい男性の声よりは女性の声の方が好ましいと考えられる。しかし不幸にも電子工学科で協力を得られる女性がいなかったため（もともと女性自体がほとんどいないという話もある）、近年研究が進んでいる音声合成アルゴリズムを用いて人工的に合成をおこなった。

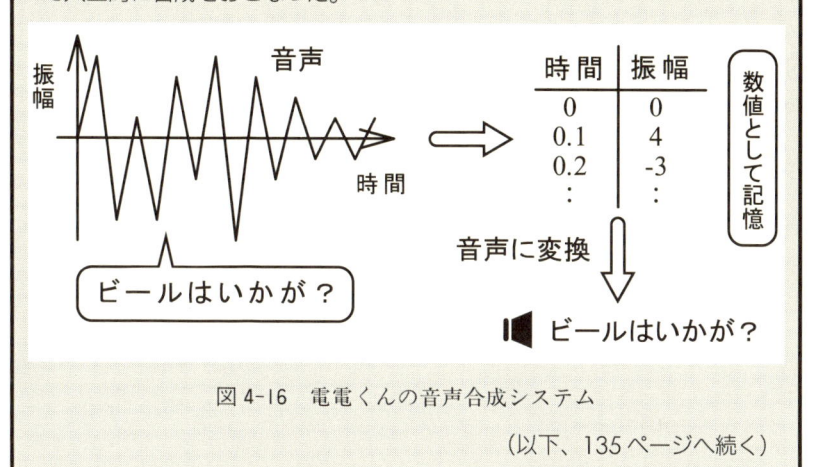

図4-16　電電くんの音声合成システム

（以下、135ページへ続く）

第5章
半導体を考える

5.1. 電流の正体

　この章では、ちょっと趣向を変えて、いままでよく出てきた「電流」そのものを、もう少し詳しく考えてみましょう。そしてそれに続いて、私たちの生活に深く浸透しているエレクトロニクスが生まれるきっかけとなった、といっても過言ではない半導体について見ていきましょう。

　私たちの部屋の中にたいていある電源ケーブルには金属である銅が使われています。一般に、銅や鉄、アルミニウムなどの金属は、電流がよく流れるという特徴があります。では、どうして金属は電流がよく流れるのでしょうか？　金属は、電流をよく流す（つまり電気抵抗が小さい、という

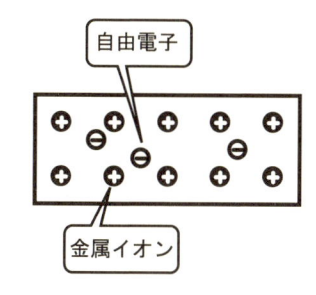

図 5-1　金属

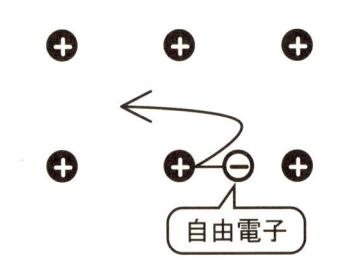

図5-2　自由電子が動いていく様子

言い方もできます)ので**導体** (conductor) と呼ばれます。

金属のかたまりは、当然たくさんの原子が集まってできているわけです。原子は中心にある原子核とその周りを回る電子からできている、というようなことを中学校の理科で習ったと思いますが、金属原子の場合は、一部の電子が金属原子から離れて、その辺を自由に動き回っている、ということが起こっています。このように自由に動き回る電子を**自由電子**と呼びます。そしてもともとの金属原子は、マイナスの電荷を持った電子がとれてしまっているわけですから、プラスのイオンとして存在していることになります。

このような特徴を持つ金属に、電池をつないでみましょう。実際には電池をつなぐことで電圧 V がかかるので、電気抵抗 R に応じて電流 I が流れる、ということが起こるわけですが、この、電流が流れる、ということと、自由電子とはどのような関係があるのでしょうか。

電池をつないだら金属に電圧が加わった、ということを、ちょっと物理的な言い方をすると、**電界**が加わった、ということになります。電界というのは、17ページで少し出てきましたが、中にある自由電子などの電荷を持つものに力(**クーロン力**)を及ぼす働きがあります。つまり電池をつないだことで、金属の中にある自由電子やプラスイオンにクーロン力という力が働くわけです。ところがプラスイオンは自由電子の数千倍ぐらい重いので、ほとんど動きません。しかし、軽い自由電子は、このクーロン力によって動き始めます。プラスとマイナスは引き合う性質がありますから、マイナスの電荷を持っている自由電子は、電池のプラス極の方に向かって動くことになります。

動き始めた自由電子は、クーロン力によってどんどん加速されていきます。しかしそのうち、金属の中に止まっているプラスイオンにぶつかってしまいます。ぶつかった自由電子はどこかに飛ばされてしまいますが、ク

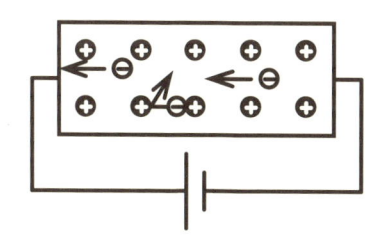

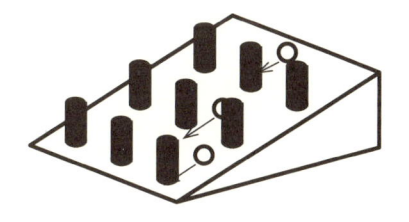

図 5-3　はじかれる電子　　　図 5-4　金属の中を流れる電子のアナロジー

ーロン力はずっと働いているわけで、図 5-3 のように再び電池のプラス極の方に向かって動き始めます。自由電子はこのように、途中プラスイオンにぶつかりながらも、全体としては電池のプラス極の方に動いていくことになります。このプラス極の方に動いていく自由電子が、**電流**そのものであるわけです。

　ちなみに電流はプラス極からマイナス極へ流れて、自由電子は逆にプラス極の方へ動いていきますが、これは歴史的な理由によるものです。最初に電流の向きを決めた人が、たまたまプラス極からマイナス極、というように決めたのですが、その後に自由電子が発見され、それの動きを調べてみたら逆だった、というわけです。ちょっとややこしいですが、いまさら変えるわけにもいきませんので、電流の向きと自由電子の向きは逆、ということで納得しておきましょう。

　さてこの自由電子の動きは、図 5-

図 5-5　パチンコ台（これも電子の動きのアナロジー）

4のようなアナロジーで考えると多少わかりやすいかもしれません。こんどは水の流れのアナロジーではないのですが、図 5-4 のように杭がたくさん立っている斜面があって、そこに上からボールがどんどん転がってくる状況です。斜面が電池がつくる電界、杭がプラスイオンで、ボールが自由電子です。ボールは杭にぶつかりながら、全体として下の方へ転がっていきます。パチンコが好きな人なら、パチンコ台でクギの間をパチンコ玉が転がっている状況、と考えた方がいいかもしれませんね。

5.2. 半導体って何？

　ここまで見てきたのは、銅やアルミニウムなど、金属の中でも電流をよく通す金属の場合でした。しかし、エレクトロニクスでもっとも重要な役割をしているのは金属のような導体ではなく、**半導体**というものです。「半導体」というのも、よく考えたら不思議な言葉です。「半」導体なんですよね。どこがどう半分、導体なんでしょうか。それを順番に見ていってみましょう。

　半導体の原料として一番よく使われるのは**ケイ素**（silicon）です。元素記号では Si と書いて、英語の呼び方をそのまま使って**シリコン**と呼ぶことの方が多いかもしれません。余談ですが、美容整形に使う「シリコン」とは別物で、こちらはケイ素を原料とする樹脂のことで、正しくはシリコーン（silicone）といいます。

図 5-6　ウエハ

さて、このシリコン、いかなる特徴を有しているのでしょうか。

半導体を作るときに使うシリコンのかたまりをインゴットといいます。これを薄くスライスして図5-6のような**ウエハ**（wafer）というものにして使います。このシリコンのウエハは、シリコンの**単結晶**です。つまり、シリコンの原子が規則正しく結合してきれいに並んだ、全体が一つの大きな結晶であるわけです。

炭素が、単結晶シリコンと同じように単結晶となったものをダイヤモンドといいます。同じ炭素でも、一つの単結晶になっていないものは、鉛筆やシャープペンシルの芯の黒鉛や、ゴルフクラブの軸などに使うグラファイトなどがありますが、ダイヤモンドは、これらとは違ってそれ自体が一つの単結晶であるわけです。シリコンでできたダイヤモンドのようなものがシリコンのインゴットやウエハであるわけですが、幸いダイヤモンドよりも人工的に作りやすく、ダイヤモンドほど高価ではありません。

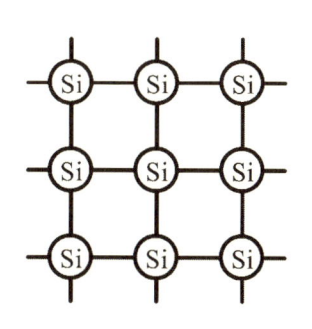

図5-7　シリコンの単結晶

ふつう、シリコンのウエハは、図5-8のような手順で作られます。まず、原石を掘ってきます。北欧のあたりにたくさん埋まっているそうです。そしてそれを精製し、シリコンの純度を高くしていきます。どれぐらい純度を高くするかというと、最低でも99.999999999%ぐらいの純度にまで精製します。この精度を、9が11個あるということでeleven-nineといい、シリコン原子以外の不純物が1000億分の1ぐらいという、気の遠くなるような高純度です。

次に、このシリコンを一つの単結晶にするために「引き上げ」という作業をします。これがなかなか大変な作業なのですが、このあたりは、それぞれに各企業の膨大な技術やノウハウがあるわけです。

そして最後に、このインゴットを薄く切って研磨をするとウエハになります。ウエハの大きさはいろいろありますが、ちょっと前だとよく使われるものでだいたいCDと同じくらいの大きさです。

1. 原石（ケイ岩） 　　2. 精製（その1）

3. 精製（その2） 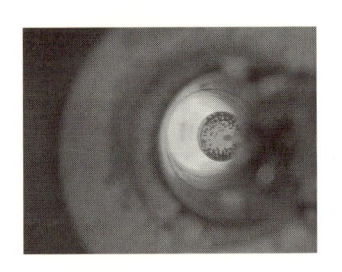　　4. 単結晶の引き上げ
　　　　　　　　　　（協力＝住友電気工業）

5. 研磨して完成

図5-8　シリコンのウエハができるまで

5.3. 半導体の中身

さて、大変な思いをして作られたシリコンのウエハですが、その中で起こっていることを見ていきましょう。化学を習ったことがある人なら聞いたことがあるかもしれませんが、元素周期表の中で、シリコンは「4族」に属する元素です。つまり結合の手が4本あるわけです。そんなシリコンが結合して一つの結晶を作っているわけですから、だいたい図5-9のような感じになっているはずでしょう。

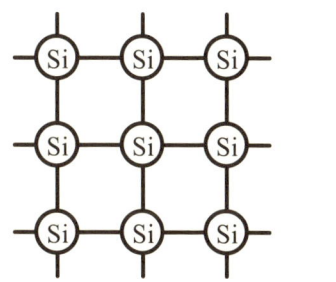

図5-9 再び、シリコンの単結晶

図5-10 元素周期表

これだけだとただの結晶なのですが、ちょっと小細工をして、このシリコンの単結晶を作るときに、わざとほんの少しだけ**リン（P）**や**ヒ素（As）**などの原子を混ぜて作ったとしましょう。元素周期表を見てみると、このリンやヒ素は「5族」の元素で、つまり結合の手が5本あるわけです。

そんなリンやヒ素を少しだけ含むシリコンの結晶は、図5-11のような感じになっているはずです。つまり、ところどころにあるリンは結合の手を5本持っていますが、周りにあるシリコンは4本のため、1

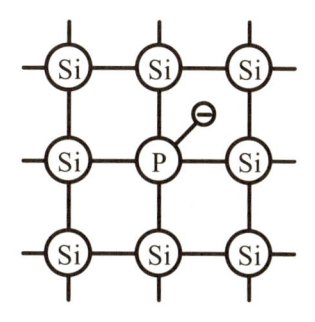

図5-11 微量のリン（P）を含むシリコンの単結晶

本余ってしまうわけです。この余った手というのは、化学を習った人であれば思い出してほしいのですが、実体は電子です。ようするに、このリンの原子のところだけ、電子が1個余っているわけです。この余った電子、ここにいてもしょうがないので、リンの原子を離れてふらふらと動き出してしまいます。この状況、どこかで見たことがありますね。金属の中の自由電子とそっくりです。つまり、このリンから離れた電子は自由電子となって、ちょうど導体の中と似たような状況になるわけです。ただし、この自由電子の数はリンの数で決まりますが、金属の場合と比べて非常に少ないため、この結晶は金属ほど電流はよく流れません。つまり、導体、というほどは電流が流れないことから、**半導体**（semiconductor）と呼ばれます。

おっと。ここで半導体という言葉が出てきました。つまり半導体というのは、自由電子があるんだけど、金属のような導体ほどは多くはなくて、その由来はというと不純物として加えたリンやヒ素であるわけです。ちなみに、このような結晶を、特に**N型半導体**と呼びます。これは、結晶の中をふらふらしているのがマイナス（負；negative）の電荷を持った電子であるためです。

わざわざこの半導体をN型と呼ぶのにはわけがあります。そうでない半導体もあるわけですね。

ではこんどは、シリコンの結晶を作るときに、ホウ素（B）やインジウム（In）という原子をほんの少しだけ混ぜてみましょう。さきほどの元素周期表を見てみると、これは「3族」の元素ですから、結合の手は3本しかありません。つまり、ホウ素やインジウムの周りでは、図5-13のように結合の

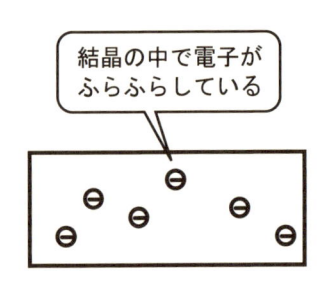

図5-12　N型半導体

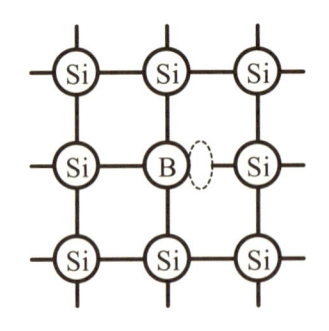

図5-13　微量のホウ素（B）を含むシリコンの単結晶

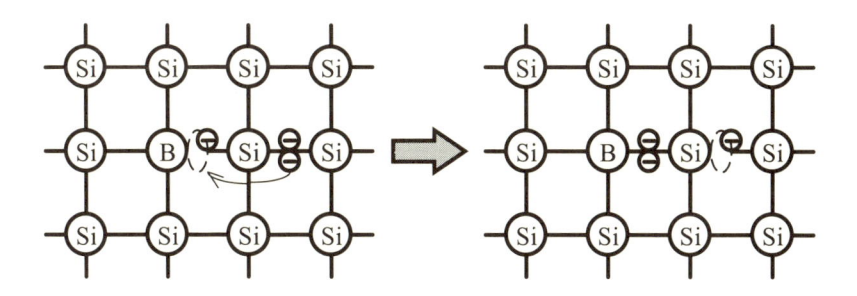

図 5-14 「ホール」の移動

手が 1 本足りない状態になってしまいます。なんか落ち着きませんね。

これに外部から電圧を加えてみたとしましょう。すると図 5-14 のように、すぐ隣の結合のところから電子がクーロン力で引っ張られて抜けてきて、この結合の手が足りないところにはまってしまいます。そして、電子が抜けたところには、新しく「結合の手が 1 本足りないところ」が生まれます。結果として、この「足りないところ」が電子とは逆に動いたように見えるわけです。この現象がどんどん続いて起こって、この「足りないところ」がどんどん電子とは逆に動いていきます。「足りないところ」を**ホール**（hole）または**正孔**と呼びますが、これは電界を加えると電子とは逆向きに動くので、電子とは逆の電荷、つまりプラスの電荷を持ったもののように見えます。すなわちこの結晶では、図 5-15 のようにプラスの電荷を持つホールがたくさんあるように見えるのです。ホールは電荷を持っていて動き回れますので、当然この結晶には電流が流れます。これを、プラス（正；positive）の電荷を持ったホールがある半導体、ということで **P 型半導体** と呼びます。

ようするに、半導体には N 型と P 型の 2 種類があるわけです。

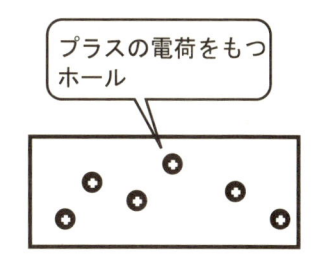

図 5-15　P 型半導体

表5-1　2種類の半導体

	混ぜる元素	中で動き回るものとその電荷	
N型半導体	P, As	自由電子	負
P型半導体	B, In	ホール	正

5.4. ダイオードというもの

このように半導体には2種類があるわけですが、実際に使ってみることにしましょう。

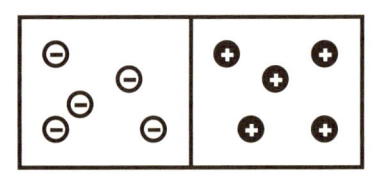

図5-16　ダイオード

図5-16のように、P型半導体とN型半導体をくっつけたものを**ダイオード**（diode）と呼びます。まずはこれを考えてみましょう。

中央に、P型とN型が接している部分がありますが、まずはここに注目してみます。この境界部分の右側のP型領域ではホールが、左側のN型領域では電子が、それぞれ他方の領域よりも、非常に多く存在します。ようするに、ホールや電子の数に偏りがあるわけですが、これはなんとも不自然です。例えば図5-17のように片方に煙が充満している部屋があるとして真ん中の仕切りをとってみると、もう片方の部屋にも煙が広がっていき、全体に煙が充満するはずです。このような現象を**拡散**（diffusion）といいますが、ダイオードの境界部分でも、拡散が起こります。つまり、ホールがP型領域だけに存在し、電子がN型領域だけに存在するのは不自然なので、P型領域のホールは反対のN型領域へ、逆にN型領域の電

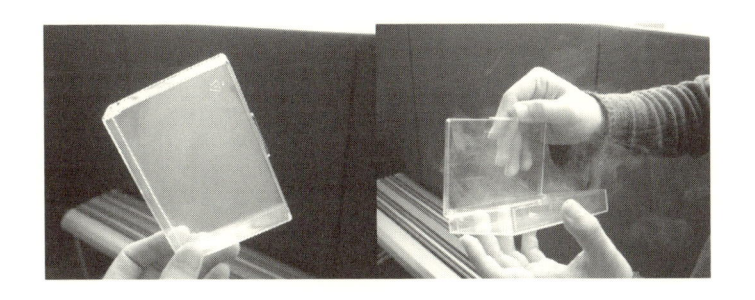

図 5-17 「拡散」という現象

子は反対の P 型領域へと、それぞれ拡散して移動していきます。

さて、N 型領域へとやってきたホールですが、ここには図 5-18 のようにたくさんの電子があります。そのうち、このホールは電子と遭遇するわけですが、よく考えてみればホールというのは、もともと「電子が入るべき穴」でしたから、これが電子と遭遇することで、この穴に電子が入ってしまいます。つまりホールと電子が遭遇すると、見かけ上は消えてなくなってしまうことになります。この現象を再結合といいますが、ようするに、ホールはせっかく N 型領域にやってきても、すぐに再結合で消えてしまう運命にあるわけです。何だかがっかりですが、ただ消えてしまうだけではありません。

というのも、もともとはプラスの電荷を持ったホールが N 型領域に入ってきたわけですから、この N 型領域の全体ではプラスの電荷が増えたわけで、しかもそれを運んできたホールが再結合で消えて安定してしまっ

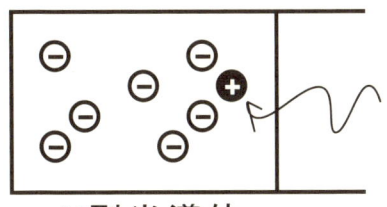

図 5-18 消えてしまうホール

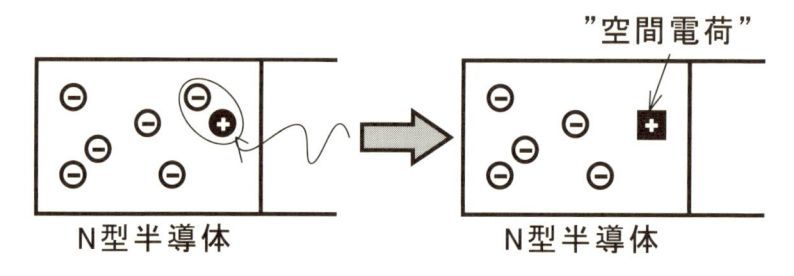

図5-19　ホールが消えて空間電荷ができる様子

たわけですから、この運ばれてきたプラスの電荷が、その再結合が起こった場所で固定されてしまうわけです。

つまるところ、図5-19のように、ホールが入ってきたN型領域の境界に近い部分には、動けないプラスの電荷がたくさん存在することになります。このような動けない電荷のことを**空間電荷**（space charge）と呼びます。

同じように、電子が拡散してきたP型領域でも空間電荷ができます。電子がP型領域のホールと遭遇して再結合し、そこにマイナスの電荷が固定され、これがマイナスの空間電荷となります。つまり、図5-20のようにN型、P型のそれぞれの領域の境界付近にプラスとマイナスの空間電荷が生まれるわけです。この空間電荷の部分のことを**空乏層**（depletion layer）と呼びます。

では、電子とホールの拡散と空間電荷の生成は、いつまで続くのでしょうか。

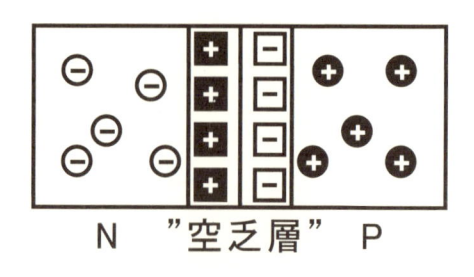

図5-20　空乏層ができたダイオード

第 5 章◎半導体を考える　97

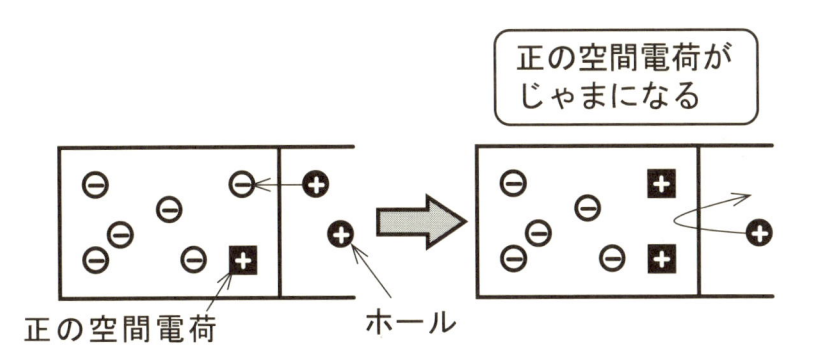

> 正の空間電荷が
> じゃまになる

正の空間電荷　ホール

図 5-21　空間電荷と電子の拡散

　実は N 型に生まれたプラスの空間電荷は、次にホールが拡散で入ってくるときにはじゃまになります。つまり、ホールの拡散によって空間電荷が生まれるほど、逆にホールの拡散が起こりにくくなっていくわけです。その結果、ホールの拡散はそのうち止まってしまいます。同様に P 型への電子の拡散も、ほどなくして止まってしまいます。
　ようするに、空乏層によって電子とホールの拡散が止まり、P 型領域にホール、N 型領域に電子がたくさんあり、それが真ん中の空乏層で隔てられている、という状況になっているのが、「ふつうのダイオード」というわけです。
　ふつうのダイオードといっても、その内部ではなかなかいろんなことが起こっているんですね。

5.5. ダイオードを考える

　ところで、このダイオードですが、このままではつまらないので、なんか使ってみましょう。といってもしょせんは電子部品ですから、電圧をかけるぐらいしかできません。ちょっと電圧を加えてみましょうか。

電流が流れる向き：順方向
　手始めに、P 型領域の方に電池のプラスを、N 型領域の方にマイナス

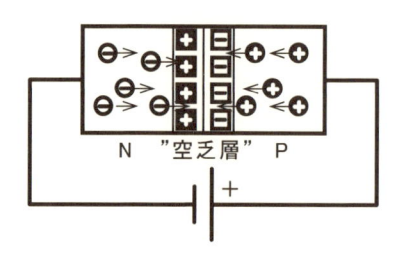

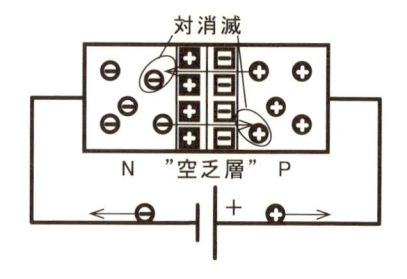

図 5-22　ダイオードの順方向接続　　図 5-23　ダイオードの順方向接続での電流

をつないでみましょう。このとき、ダイオードの中ではどんなことが起こっているのでしょうか。

　N型領域にある電子やP型領域にあるホールには、クーロン力が働きます。その力によって、電子がP型領域へ向かおうとし、逆にホールはN型領域へ向かおうとします。しかしその途中には空乏層があるため、そこから反発を受けてなかなか行きたいところへ行けません。結局のところ、ダイオードにつなぐ電池の電圧がそれほど大きくないときは、ダイオードに電流は流れません。

　しかし、ある程度電池の電圧が大きくなると、電子とホールに働くクーロン力が空乏層からの反発力よりも大きくなり、電子はP型領域へ、ホールはN型領域へ入ります。そうするとそれぞれホール、電子と遭遇し、再結合してしまいます。実はP型領域のホール、N型領域の電子の密度は一定に保たれようとするため、再結合してなくなってしまったホール、電子は電池の方から補充されてきます（100ページのコラム参照）。結局、電池からは電子やホールがダイオードに向かって流れていくことになりますから、これは**ダイオードに電流が流れている**ように見えるわけです。

　このように、P型にプラス、N型にマイナスをつないだときはダイオードに電流が流れるわけですが、このような接続を**順方向接続**と呼びます。

電流が流れない向き：逆方向

こんどは逆に、P型領域の方に電池のマイナスを、N型領域の方にプラスをつないでみましょうか。やはり、電子とホールにクーロン力が働きますが、こんどはさきほどの順方向のときとは逆に、N型領域の電子はP型領域とは逆のN型領域の端に向かい、P型領域のホールはN型領域とは逆のP型領域の端に向かいます。この場合、空乏層は、電子やホールの動きをじゃましません。結局電子もホールも遭遇しないので再結合せず、電池からも補充されませんから電流は流れません。このような接続を **逆方向接続** と呼びます。

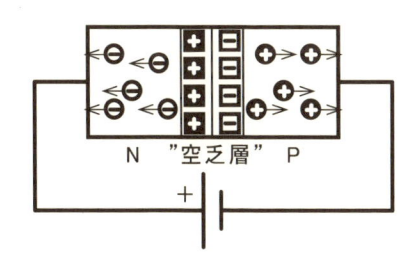

図 5-24　ダイオードの逆方向接続

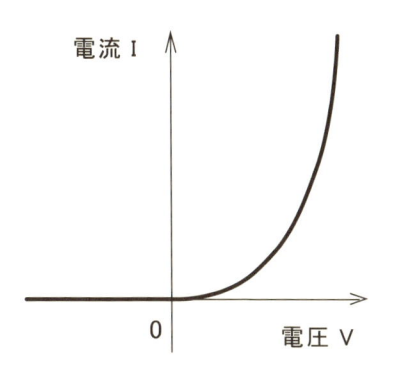

図 5-25　ダイオードの電流 I と電圧 V の関係

以上のことから、ダイオードに加える電圧 V と流れる電流 I は図 5-25のような関係になります。ただし、P型にプラス、N型にマイナスをつないだときの電圧を正としておきます。

ちなみに、厳密に考えていくと、このグラフに出てくる電圧と電流の関係は次のような式になることが導かれます。

$$I = I_s [e^{-qV/kT} - 1]$$

なるほど、難しい式ですね。まあ一応見たことにしておきましょう。なお、q は電子の電荷（1.60×10^{-19}[C]）、k はボルツマン定数（1.38×10^{-23}[J·K^{-1}]）、T は温度（絶対温度[K]）、I_s は飽和電流と呼ばれるダイオードに固有な定数です。

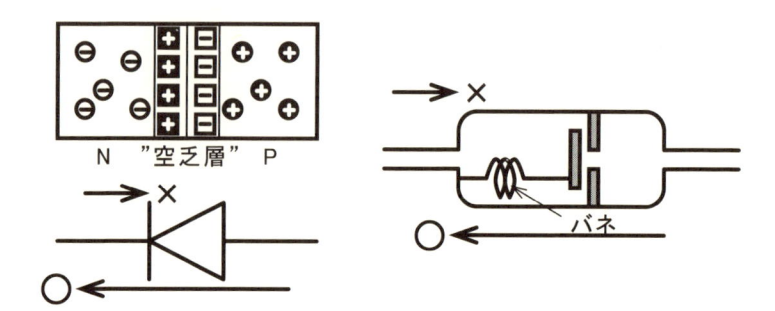

図 5-26　ダイオードの回路図記号　　図 5-27　ダイオードを考えるときの
　　　　　　　　　　　　　　　　　　　　　　　　アナロジー

　このようにダイオードは、順方向には電流を流し、逆方向には電流を流さない、という性質がありますので、図5-26のような記号を使います。なんとなく直感的にわかるでしょうか。

　ところで、お約束の、水の流れのアナロジーを使うときには、このダイオードは図5-27のような逆流防止弁と考えればよいでしょう。

半導体の中をちょっと詳しく考える

　さきほど、対消滅で減った電子やホールが電池から補充されると説明しましたが、これはどういうことなのでしょうか。実はこれにはちょっとしたからくりがあります。

　何もしない状態のN型やP型の半導体の中には、電子やホールがたくさんあるわけですが、実際のところ、例えばN型半導体といえども、たくさんの電子以外にほんの少しだけホールが存在します。というのも、もともとホールは電子が抜けた穴でしたから、何もない（シリコンの原子同士が結合しただけの状態の）ところで、何らかの原因で結合を作っている電子がはずれてしまうと、そこに電子とホールの組が現れるわけです。もちろんこの電子とホールの組は、しばらくすると対消滅してなくなってしまいますが、このような対生成・対消滅が、半導体結晶の中のどこかで常に起こっているわけです。ちなみに、この対生成が起こる「何らかの原因」

は、熱（つまり原子の振動）や光が主なものです。

このように、電子がたくさんあるN型半導体でも、ほんの少しだけホールが常にある一定量存在します。同様に、ホールがたくさんあるP型半導体でも、ほんの少しだけ電子が常に一定量存在するのです。

化学を習ったことがある人ならば、この、対生成・対消滅の話が化学平衡と似ているな、と思うかもしれません。事実そのとおりで、化学的にいうと、半導体の結晶の中では電子とホールの対生成・対消滅が平衡状態になっています。ということは、この中の電子とホールの密度の積は一定になるわけです。少し思い出しておきましょう。

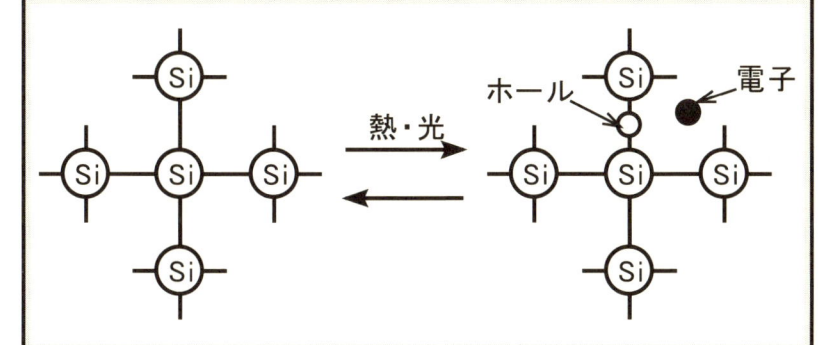

図 5-28 対生成・対消滅の過程

例えば、水（H_2O）の中には水素イオン（H^+）と水酸化物イオン（OH^-）が存在しますが、それらの密度の積 [H^+][OH^-] は一定値（25℃で約 10^{-14}）となります。半導体結晶の中の現象もこれとまったく同じで、電子の密度を N_e、ホールの密度を N_h とすると、次の関係式が成り立ちます。

$$N_e N_h = N_i^2 = 一定$$

ここで、N_i は、純粋なシリコンの単結晶の中にある電子やホール（この場合は不純物がないので、この両者は同数になります）の密度で、温度にのみ依存する値です。ちなみに N_e や N_h などの密度は、ふつうは1 [cm^3] あたりの数で表します。

ようするに、半導体結晶の中では、たとえ電池がつながれて電流が流れ

ていても、「電子とホールの密度の積」が一定に保たれるわけです。その
ため、ダイオードを順方向に接続して、電子やホールが対消滅で消えてし
まうと、さきほどの「電子とホールの密度の積」を一定に保つために、電
池から電子やホールが補充されるわけです。そしてこの「電子とホールの
密度の積」を一定に保とうとする働きは化学平衡の原理であり、結局は自
然の摂理なわけですね。

5.6. ダイオードを使ってみる

　このダイオード、ただ電圧を加えて電流を流しただけでは物足りないの
で、実際に使ってみましょう。
　ダイオードと抵抗を使って、図 5-29 のような回路を作ってみます。こ
れに部屋のコンセントにきている交流電源をつないでみましょう。抵抗の
両端の電圧はどのようになるのでしょうか。
　交流電源というのは、周期的に電圧の向きが変わるという性質がありま
す。つまり図 5-30 のように、あるときには上がプラスで下がマイナスと
なり、またあるときには上がマイナスで下がプラスとなります。ダイオー
ドにとってみれば、それぞれ順方向接続と逆方向接続が交互に起こるので
すから、これを別々に分けて考えればいいわけです。
　つまり、交流電源の上がプラスとなっている周期では、ダイオードは順

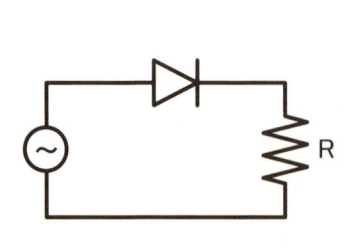

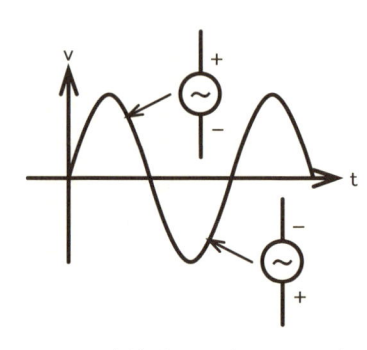

図 5-29　半波整流回路　　図 5-30　交流電源のプラスとマイナスの向き

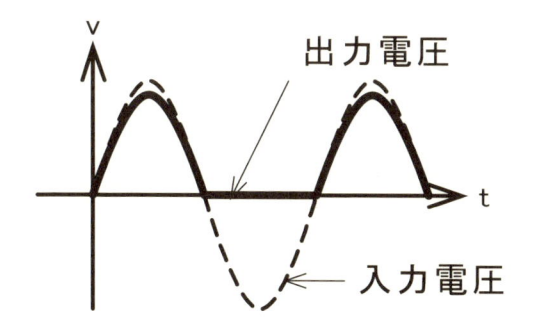

図 5-31　半波整流回路の働き

方向接続になりますから、電流が流れます。逆に交流電源の下がプラスとなっている周期では、ダイオードは逆方向接続になりますから、電流は流れません。順方向で電流が流れているとき、抵抗の両端には、$V = RI$ というオームの法則（本当にしょっちゅう出てきますね）から、電流の大きさに比例した電圧が生じますが、逆方向で電流が流れていないときには電圧は生じません。

　したがって、抵抗の両端の電圧は図 5-32 ようなグラフになります。これは、元の交流電源の正弦波のうち、上半分だけを切りとったような形になっていますね。このような回路を**半波整流回路**と呼びますが、これは交流を直流にするときに使います。交流はプラスとマイナスが交互に変わるわけですが、これを半波整流回路を通すと、プラスの方だけになってくれます。あとはこの波を、平滑回路というものを使って滑らかにしてやれば、電圧がほとんど一定の直流になります。

　平滑回路というのはなにも大げさなものではなく、図 5-31 のようにコンデンサをつなぐだけです。コンデンサというのは水槽のようなものでしたから、半波整流回路の出力で電流が流れたり流れなかったりしても、この水槽がプールとして働きますから、その両端の電圧はそれほど変動せず、図 5-32 のような電圧が出てきます。なかなか直流っぽくなってきました。

　交流を直流に変える、といってもピンとこないかもしれませんが、これは私たちのほとんどが知らず知らずのうちに使っている回路です。というのも、部屋のコンセントにきているのは交流ですが、コンピュータやビデ

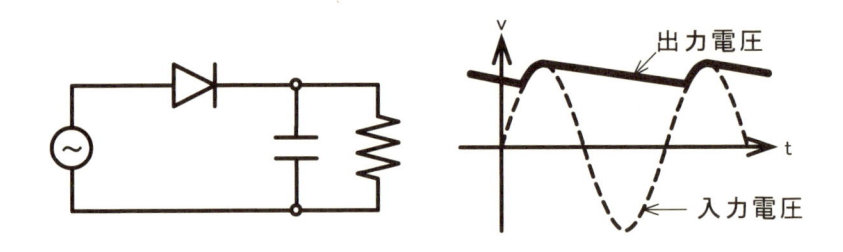

図 5-32　平滑回路

オ、テレビなど、ほとんどの電化製品は直流で動くため、交流を直流に変える必要があるわけです。例えばACアダプタなんてのはすべて、交流を直流に変えているわけです。

5.7. 続：ダイオードを使ってみる

こんどは、ダイオードを4つ使って図5-33のような回路を作ってみましょう。

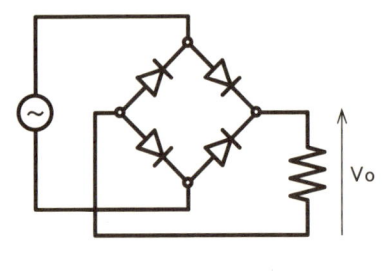

図 5-33　全波整流回路

この回路の動作はちょっぴりややこしいのですが、交流電源のプラスとマイナスを分けて考えると、それぞれ図5-34の中の矢印のように

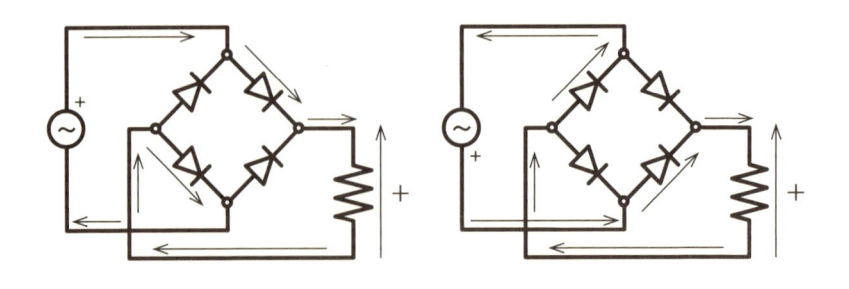

図 5-34　全波整流回路の動作

電流が流れていきます。

　不思議なことに、抵抗のところにはどちらの場合も同じ方向に電流が流れていますね。つまり、抵抗の両端の電圧は図5-35のようになります。さきほどの半波整流回路では、抵抗の両端に電圧が現れるのと現れないのが交互でしたが、こんどの回路では毎回、抵

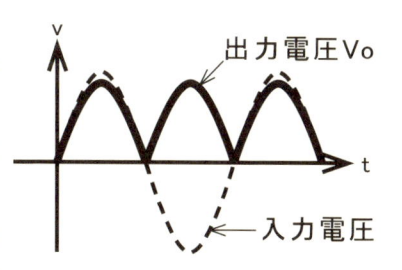

図5-35　全波整流回路の働き

抗の両端に電圧が現れています。ある意味、半波整流回路よりも2倍効率がいい、というわけです。このような回路を**全波整流回路**といいますが、効率がいい、という理由から、ACアダプタなどの交流を直流に変える回路では、ほとんどがこの全波整流回路が使われています。なかなか身近な電子回路ですね。

5.8. ダイオードを触ってみる

　これだけたくさんダイオードについてお話してきましたが、ダイオードってどんな形をしているんでしょうね。

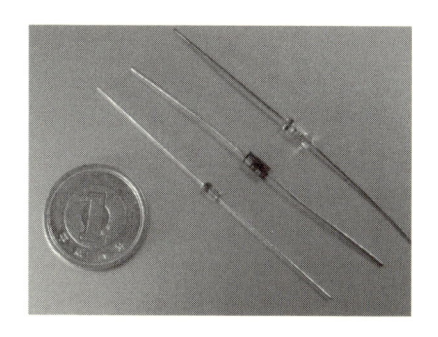

図5-36　ダイオード

　さすがに近所の電器屋さんには売っていないと思いますが、秋葉原などの部品屋さんに行って「おやじ、ダイオードくんな」とか言ってみると、図5-36のようなものを売ってくれると思います。形も大きさも値段もい

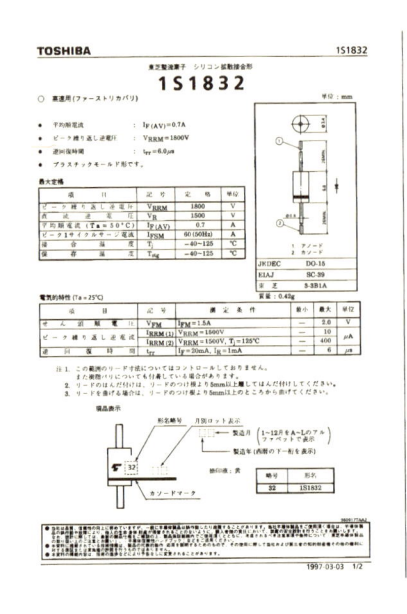

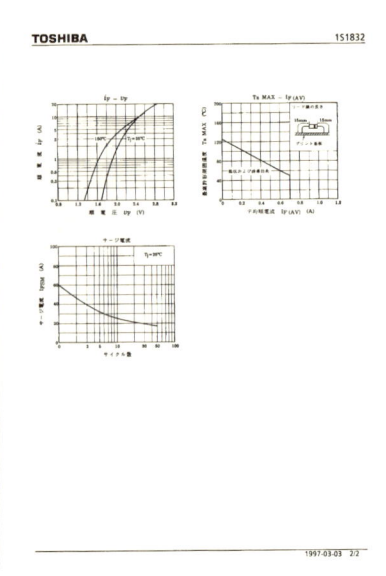

図5-37　ダイオード1S1832のデータシート（抜粋）

ろいろですが、小さいものだとだいたい5mmくらいの大きさで30円くらい、というところでしょうか。肉眼ではほとんど見えないくらい小さいのですが、これらの中には、さきほど見てきたようなP型半導体とN型半導体がつながった構造が入っています。

　これらのダイオードは商品ですから、マニュアルというか取り扱い説明書のようなデータシートという文書があります。昔はそれをまとめた本が売っていたりしたのですが、最近は便利になったもので、インターネットでメーカのホームページからダウンロードできたりします。例えば図5-37は、秋葉原で「おやじ（時にはお嬢さんの場合もある）、１Ｓ１８３２くん」と言って買ってきたダイオードのデータシートです。

　データシートには、これくらい電圧を加えると壊れる、という限界の電圧（絶対最大定格）や、これくらいの温度の範囲で使えますよ、という情報（温度特性）、これくらいの電圧をかけるとこれくらい電流が流れます、という情報（電気的特性）など、いろいろな情報が記載されています。

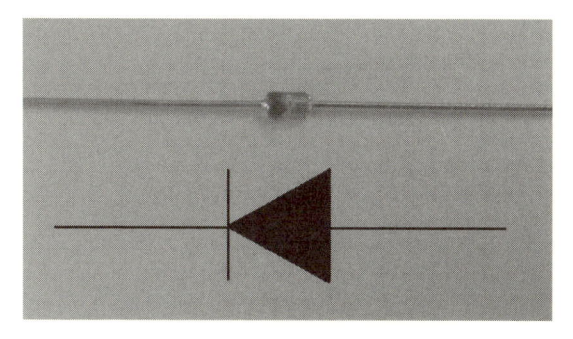

図 5-38　ダイオードの向き

　これらの細かい数字は、実際に回路を設計する人はちゃんと読まないといけないわけですが、まあ普通は、ダイオードのどっちがどっちの電極なのかな？　というのを調べるくらいで十分です。
　一つ、ちょっと知っておくといいことがあるかもしれないことを紹介しておきましょう。ほとんどのダイオードは、図 5-38 のように一方に帯が描かれています。その帯は、ほとんどの場合ダイオードの、N 型領域の側についています（こちら側を**カソード**（cathode）といい、K と書きます）。逆に帯がない側が P 型領域の側です（こちら側を**アノード**（anode）といい、A と書きます）。ダイオードを見ると、ほとんどの場合、向きは図のようになっていますので知っておくと便利です。
　ちなみに、この 1S1832 というダイオードの型番ですが、実は、それぞれ次のような意味があります。
- "1"：電極の数－1
- "S"：半導体（semiconductor）の意味
- "1832"：型番（メーカごとの通し番号）

最近はメーカ独自の型番をつけることも多くなりましたが、ダイオードは、基本的にすべて「1S」から始まる型番がついています。
　もし機会があれば、秋葉原で「おやじ（状況によっては「お嬢さん」）、ダイオードくんな」と言ってダイオードを買ってみてください。

発光ダイオード

「発光ダイオード」という言葉を聞いたことがある人も多いのではないでしょうか。

発光ダイオードは英語で Light Emitting Diode、略して **LED** といいます。むしろ「LED」という言葉の方がよく耳にするかもしれません。この LED、発光「ダイオード」というぐらいですから、この章で見てきたダイオードの一種なのですが、どこがどう違うのでしょうか。

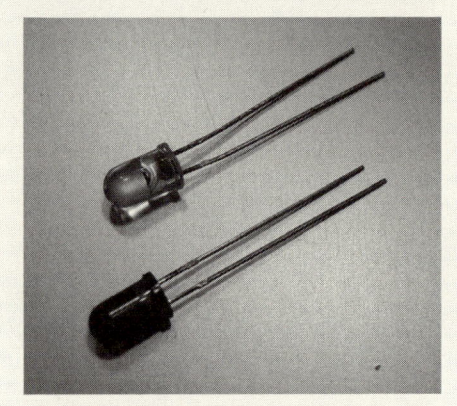

図 5-39　発光ダイオード（LED）

LED は、テレビやパソコン、携帯電話など、ありとあらゆる電子機器の電源インジケータなど、ちょっと光を出すところに使われます。つまり電流を流すと光を発するわけです。その色も、昔は赤と緑がほとんどで、その他でもオレンジや黄色ぐらいしかなかったのですが、最近は青色のものや白いものまで見かけるようになりました。

ダイオードを順方向接続したときには電流が流れるわけですが、このときに起こることを思い出してみると、次のような感じでした。

1. N 型の電子が反対の P 型へ、P 型のホールが反対の N 型へと移動する
2. 電子とホールが出会うと再結合する
3. 再結合で減った電子とホールが電池から供給されて電流が流れる

つまり、順方向接続したダイオードに電流が流れるのは、もともとは電子とホールが出会って対消滅するのが原因、ともいえます。

この再結合、ただ消えてしまうだけではありません。少々、物理の話に

なりますが、電子とホールが出会って再結合すると、エネルギー E_g が放出されます。電子とホールが再結合で消えてしまうと、より安定して、落ち着いてしまうわけです。

それでは、エネルギー E_g は、どのような形で出てくるのでしょうか。

これも物理の話になるのですが、このエネルギーはほとんどが光のエネルギーとして出てきます。光の「色」というのは、光の振動数 ν に応じて変わるのですが、光のエネルギーも、光の振動数 ν に比例します。具体的には、光のエネルギー E は、プランク定数という物理定数を h として、$E = h\nu$ という関係になります。細かいことはさておき、光の振動数が大きいほど、光のエネルギーも大きいわけです。一方、光の振動数は光の色にも対応していますが、図 5-40 のように、振動数 ν が小さいほど赤く、振動数 ν が大きいほど青くなります。

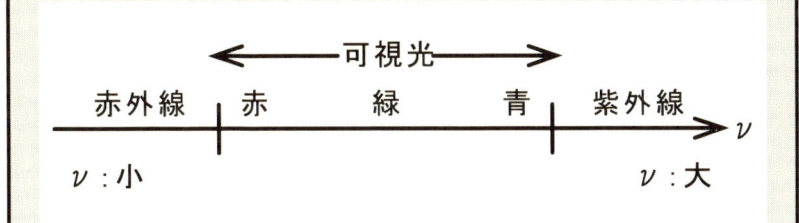

図 5-40 光の振動数 ν と光の色

実は、電子とホールが再結合するときのエネルギー E_g は、半導体の材料に依存します。ふつうのダイオードを作るときに使うシリコン（Si）では、$E_g = 1.1 [eV]$ という値ですが、これに対応する光は赤外線になります。つまり、ふつうのダイオードに順方向で電流を流すと、赤外線が出てくるわけです。といっても、残念ながら目には見えません。

そこで他の材料を使ってダイオードを作るわけですが、ダイオードの作り方のところで見てきたように、「単結晶」を作る必要があります。これがなかなか大変で、どんな材料でも作れるわけではありません。振動数の小さい、つまりエネルギー E_g が比較的小さい赤や緑の光を出す LED は、GaP（リン化ガリウム）などの材料を使うことで比較的昔から実用化されていたのですが、エネルギー E_g の大きい青い光を出す LED はなかなかできませんでした。ようやく、1993 年に、GaN（窒化ガリウム）とい

う材料を使って単結晶を作る方法が発明され、青色の LED が作られました。赤・青・緑という光の三原色の LED がそろったのは、つい最近のことなんですね。

　もっと E_g の大きい材料で単結晶を作って LED を作れば、青色よりももっと振動数 ν の大きい光を出すことが可能なはずです。理論上は、BN（窒化ホウ素）の単結晶で LED を作れば、紫外線の光が出るそうです。日焼けしそうで、ちょっと怖いですね。

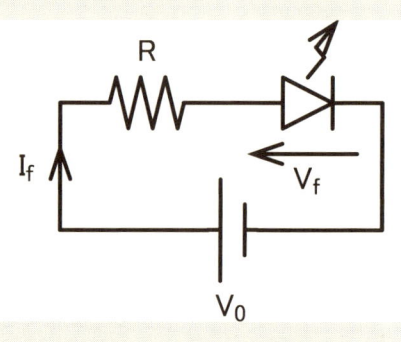

図 5-41　LED の使い方

　さて、LED を光らせるときは、だいたい図 5-41 のような回路を作ります。電池の電圧を V_0 として、これに抵抗 R と LED をつなぎます。LED はダイオードの一種ですから、電流が流れる向きと流れない向きがありますから、もちろん電流が流れる順方向接続をします。LED のデータシートを見ると、ほとんどの場合、**順方向電圧** V_f という数字が載っています。これは、通常使うときの明るさの光を出すために流す必要がある電流を I_f としたとき、この電流が流れているときの LED の両端の電圧のことです。図 5-41 の回路にオームの法則を使うと、次の関係式を満たす必要があることがわかります。

$$V_0 = RI_f + V_f$$

これを変形すると、この回路で使う抵抗 R は次のように求められます。

$$R = (V_0 - V_f)/I_f$$

例えば、東芝の TLR231 という LED のデータシートを見てみると、$I_f=20$ [mA] のときに $V_f=2.15$ [V] という数値が載っています。ここで電池の電圧を $V_0=5$ [V] としてみると、この場合の抵抗 R は次のように求められます。

$$R=(V_0-V_f)/I_f=(5[V]-2.15[V])\div 20[mA]=143[\Omega]$$

第6章 トランジスタを考える

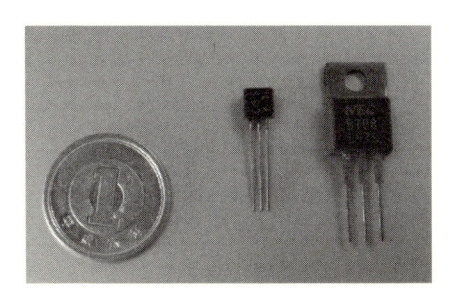

6.1. トランジスタを触ってみる

　この章では、「本物の電子回路」とでもいえるような、**トランジスタ**について見ていきましょう。

　トランジスタという言葉自体は、ふだんの生活の中でもよく耳にするのではないかと思います。言葉はよく聞いて、なんとなく電子回路っぽいイメージがあるにしても、実物のトランジスタを見たことがある人はそれほどいないかもしれません。

　実物のトランジスタは、図6-1のような形をしています。ちなみにこれも秋葉原などの電子部品屋さんで売っていて、「おやじ、トランジスタくんな」と言えば売ってくれます。これまた値段はいろいろですが、安い

図6-1 「トランジスタ」

図 6-2　トランジスタの発明者。左から順にショックレー、
バーディーン、ブラッテン。

 もので 1 個 20 円くらいでしょうか。当然のことながら、トランジスタにもいろいろ種類があって、それぞれに型番がついていますので、買うときには例えば「2SC1815」のような型番を言うようにしましょう。写真を見てわかるように、トランジスタには 3 本の足があります。ダイオードは足が 2 本でしたから、 1 本多いわけです。

　ちょっと歴史を見ておきましょう。トランジスタは、1948 年にアメリカのベル研究所という研究所の 3 人の研究者、ショックレー、バーディーン、ブラッテンによって発明されました。それまでの電子回路には図 6-3 のような真空管という部品が使われていましたが、故障が多く、しか

図 6-3　真空管

も電力消費が多いのが問題でした。そこでこの3人は、この真空管の代わりになる電子部品の開発にとりくみ、トランジスタの発明に至ったわけです。それ以降、現在に至るまで、いわゆる「エレクトロニクス」の基本中の基本の素子として広く使われ、現代社会のテクノロジーを支えています。**トランジスタ**（transistor）という言葉は、ショックレーらの造語で、trans（遠くから操作する）とresistor（抵抗器）を組み合わせたものです。ようするに、どこか離れたところから値を操作できる抵抗器、という意味です。

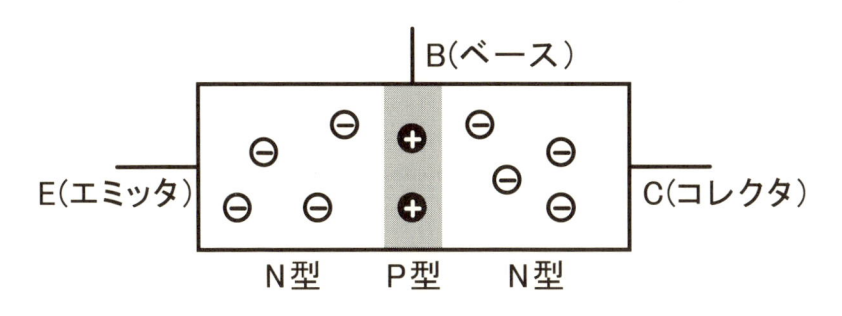

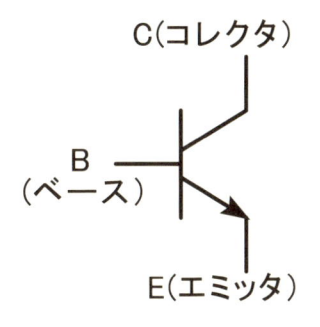

図 6-4　トランジスタの構造

　トランジスタの中身を見ていきましょう。トランジスタの中身は、肉眼では見えないほど小さいのですが、図6-4のような構造をしています。つまり、二つのN型半導体の領域の間に薄いP型半導体の領域がはさまった構造（よく「サンドイッチ構造」と言ったりします）をしていて、それぞれの領域には導線がついていて端子になっています。それぞれ名前がついています。両側のN型のところはE（エミッタ；Emitter）とC（コレクタ；Collector）、真ん中のP型のところはB（ベース；Base）という名前がついています。それぞれの名前の意味は後で触れるとして、これもダイオードのときと同じように、図6-5のような、

図 6-5　トランジスタの図記号

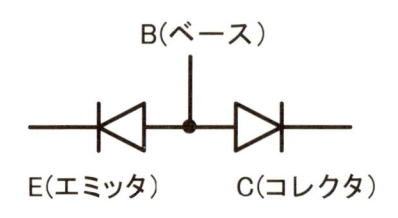

図 6-6　トランジスタの「等価回路」

回路図を描くときに使う図記号があります。ぜひ覚えておきましょう。

このような構造をしているトランジスタですが、よーく見てみると、左半分はN型とP型がつながった構造になっています。これは前の章で見てきたダイオードそのものです。同じように右半分もP型-N型と、やはりダイオードそのものです。真ん中のP型の領域は、この二つのダイオードに共通ですから、結局トランジスタは、図6-6のように二つのダイオードをつなげたような構造となっていることになります。

なんだそれだけのものか、と思えば、意外とあっさりしているのですが、実は、ただの「二つのダイオード」とは違った、奇妙な現象が起こっています。それを見ていきましょう。

6.2. トランジスタを考える

まず、トランジスタを考えていく準備をしておきましょう。トランジスタは、抵抗やコンデンサなどの部品と同じように電子回路の一部として使いますから、当然、電圧をかけて電流を流すわけです。しかし、いままでに出てきた部品と違うのは、足が3本もあることです。こう足が3本もあると、ちょっと（いや、かなり）ややこしいので、図6-7のように、トランジスタにかかる電圧や流れる電流を文字で表すことにしましょう。

そして、B（ベース）とE（エミッタ）の間の、Eを基準とした電圧を V_{BE} と書きます。つまり、図の

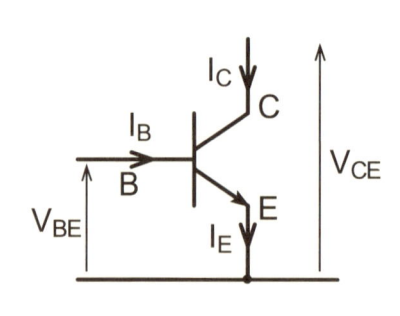

図 6-7　トランジスタを考えるときの電圧・電流

ようにBとEにつながっている電池の電圧がV_{BE}であるわけです。このように、トランジスタの電圧を表すときには、Vの添え字に、両端の二つの端子（ただし、基準を右側）を書きます。同様に、例えばCとEの間の、Eを基準とした電圧はV_{CE}となります。

電流の方は、例えば図のようにBに流れ込む電流をI_Bと書きます。同じようにCに流れ込む電流はI_Cです。ただし、Eから流れ出てくる電流がI_Eです。

実際に、トランジスタのEとCの間に電圧をかけてみましょう。といっても、トランジスタは二つのダイオードをつないだような構造ですから、図6-8のような回路と同じような感じです。ですが、ダイオードは、もともと一方向にしか電流を流さない、逆流防止弁のようなものでしたから、これが逆向きにつながっている図6-8のような状態では、残念ながら、上からも下からも電流は流れません。つまり、EとCには電流は流れないのです。

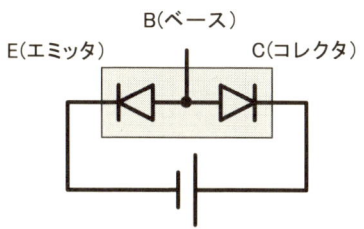

図6-8 トランジスタの両端に加えた電圧

これだけでは、ただの電流が流れない部品ですから、何も面白くありません。でも、ここからがトランジスタの本領です。図6-9のように、BとEにも少し電圧V_{BE}をかけてみましょう。すると少しだけBに電流I_Bが流れます。

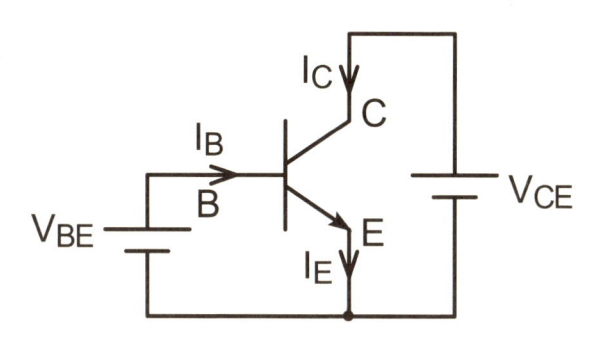

図6-9 トランジスタにV_{BE}をかけてみる

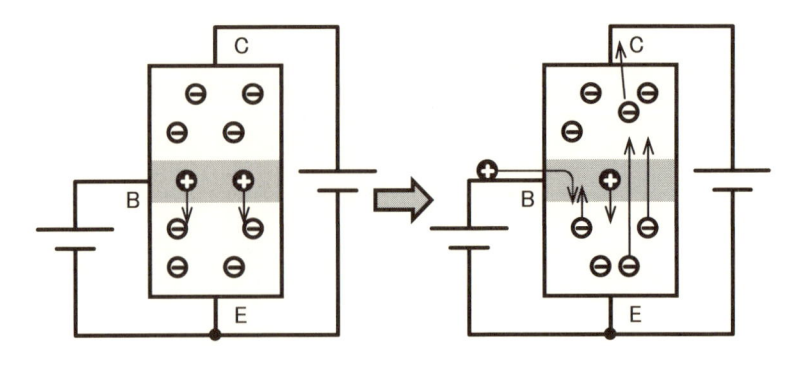

図6-10　トランジスタの中の電子・ホールの動き

この状態では、トランジスタにはBとCから電流が流れ込んでEから流れ出ていきますから、次のような関係が成り立ちます。

$$I_B + I_C = I_E \tag{6-1}$$

実はこれは少しだけ使ったことがあるキルヒホッフの電流則（KCL）です。このとき、トランジスタの中ではどのようなことが起こっているのでしょうか。少々ややこしいですが、順を追って読んでみてください。

まず、I_B が流れていますから、ホールがP型半導体であるB（ベース）領域に入ります。そしてこのプラスの電荷を持つ（ように見える）ホールは、電池のマイナス極がつながっているE（エミッタ）領域の方に引かれていき、E領域に入ります。そしてダイオードのときと同じように、ホールがE領域に入った分だけ、N型半導体のE領域にある電子が、逆にB領域に向かっていきます。

ところが真ん中のB領域は、実は $1\mu m$ 程度と非常に薄く作ってあります。そのため、さきほどN型のE領域からこのB領域に入ってきた電子は、勢い余ってこのB領域を素通りしてしまいます。気がついたときにはB領域を素通りして、その先にあるN型半導体のC（コレクタ）領域に入ってしまうわけです。もちろん、ほんの少しの電子は、C領域へ素通りせず、運良く（悪く？）B領域の中でホールと遭遇して再結合してしまいます（これを補うように流れてくるホールが I_B です）。つまり、E領域

の電子のごく一部（1%程度）はB領域でつかまって再結合してしまいますが、大半（99%程度）は素通りしてC領域まで行ってしまうわけです。

そしてこのC領域に入った電子は、そのまま電池のプラス極に引っぱられていって、電池の方へ戻っていきます。これがコレクタ電流I_Cとなります。ちょっとややこしかったですが、順におさらいしてみましょう。

1. I_Bが流れて、ホールがB領域に入る
2. E領域が電池のマイナス極につながっているので、正の電荷のホールは、E領域に入る
3. ホールがE領域に入った分だけ、N型のE領域の電子がB領域に入る
4. しかしB領域が非常に薄いため、ほとんどの電子は勢い余ってB領域を通過してC領域に入ってしまう
5. このC領域に入った電子は、そのまま電池のプラス極に引っぱられていきC領域から出てI_Cとなる

この結果、EからI_Eとして入った電子は、ほとんどそのままI_Cとして出てくることになります。

ここでよく考えてみると、この一連の現象は、最初にB領域に入ったホール、つまり、I_Bが原因となっていることに注意しましょう。すなわち、ほんの少しのI_Bが流れたことで、それよりずっと大きなI_CやI_Eが流れたわけです。これは言い方を変えると、**小さなI_Bによって大きなI_Eが制御（増幅）できた**というわけです。ようは、I_Bを変えると、それよりもっと大きなI_Eの値が変化する、という意味です。このようなトランジスタの性質を**増幅作用**（amplification）と呼びます。

そして、I_C/I_Eのことを**電流伝送率**と呼び、αという文字で表します。αは1より小さいのですが、さきほど見てきたようにI_CとI_Eはだいたい等しいのでαはほぼ1であり、通常は0.9以上の値をとります。

また、I_C/I_Bのことを**直流増幅率**と呼び、βという文字で表します。こ

の β は、(6-1) 式の $I_B+I_C=I_E$ という関係式を使うと次のようにも書くことができます。

$$\beta=\frac{I_C}{I_E-I_C}=\frac{I_C/I_E}{1-I_C/I_E} \tag{6-2}$$

したがって、β は次のようにも書くことができます。

$$\beta=\frac{\alpha}{1-\alpha} \tag{6-3}$$

この β は、「原因」となった I_B と、「増幅の結果」の I_C の比です。例えば、$\alpha=0.99$（普通のトランジスタはこの程度の値となります）ならば $\beta=100$ 程度と、非常に大きな値となります。

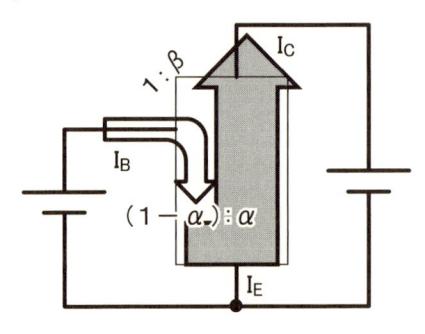

図 6-11　トランジスタを流れる電流のうちわけ

この α と β、I_B などの関係は図 6-11 のようになります。ちょっとややこしいですが、整理しておきましょう。

ところでトランジスタの 3 本の足についている名前の意味を考えてみましょう。

まず E（エミッタ）。トランジスタの中での電子の流れを思い出してみると、この端子から、全体の流れのほとんどの電子が入っていきました。電子がトランジスタの内部に向かって放出（emit）されていることから、emitter（エミッタ）という名前がついています。

次に B（ベース）。これは、トランジスタの動作の中心的な役割をする部分で、エミッタやコレクタに流れる電流を制御する部分、という意味から base（ベース；基礎、などの意味）という名前がついています。

最後に C（コレクタ）。これは、途中の B 領域で対消滅をした残り（といっても大半）の電子が最後に流れ着く場所です。つまり最後に電子を集める（collect）する場所、ということから、collector（コレクタ）という名前がついています。

6.3. トランジスタの動作を考える

　内部でこんなことが起こっているトランジスタですが、その電圧と電流についてもう少し考えていきましょう。といってもトランジスタには3本の足があって、出てくる電圧や電流の数が多いので、なかなか（いや、かなり）大変です。そこで通常は、二つの変数の間の関係だけを考えます。例えばB（ベース）とE（エミッタ）の間の電圧V_{BE}とBに流れる電流I_Bの関係を、他の電圧や電流はある値に固定しておいて考えるわけです。これらの二つの変数の関係のことを、**トランジスタの静特性**と呼びますが、これがトランジスタを理解する上でのキーワードになります。

　例えば図6-12は、秋葉原で売っているトランジスタ「2SC1815」の取り扱い説明書ともいうべきデータシートの一部です。ここにはいろいろなグラフが載っていますが、よく使う3種類の静特性を順番に見ていきましょう。

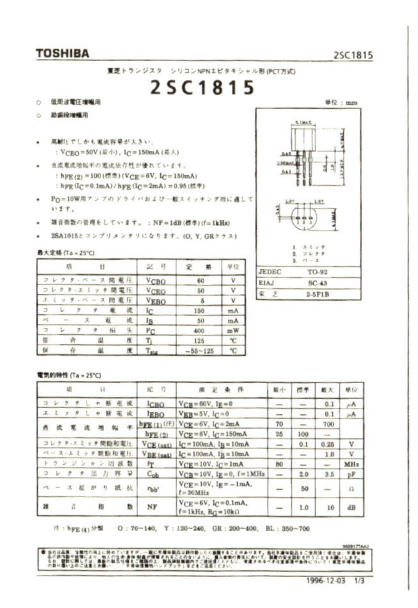

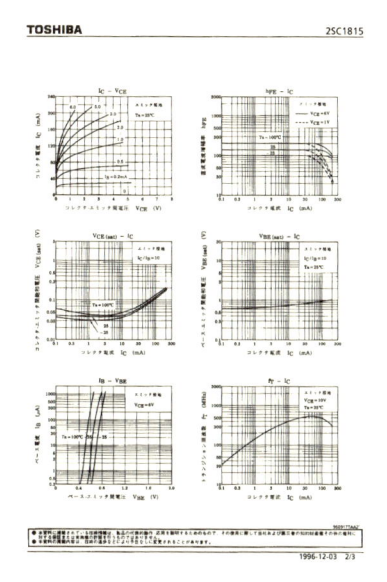

図6-12　トランジスタ2SC1815のデータシート（抜粋）

I_B - V_{BE} 特性

図6-13のように、トランジスタのV_{CE}などをある値に固定しておいて、Bに流れ込む電流I_Bと、B-E間の電圧V_{BE}との関係を調べたものをI_B-V_{BE} **特性**と呼びます。トランジスタの静特性をいうときは、変数になっている二つの電流や電圧を並べて「○-△特性」というような言い方をします。

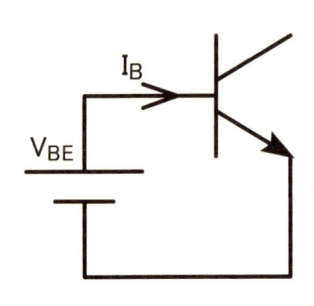

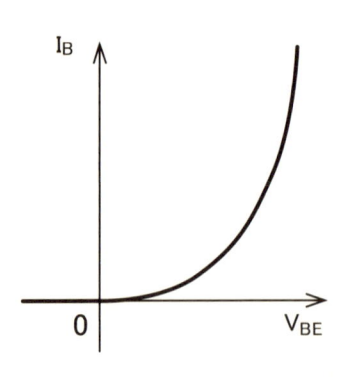

図6-13 トランジスタの I_B-V_{BE} 特性を考える回路

さて、このI_B-V_{BE}特性ですが、どのような関係になるのでしょうか。実はそれほど難しくありません。というのも、トランジスタはもともとは図6-4のようにN型-P型-N型という3層構造だったわけですが、このうち使っているのは真ん中のP型のB(ベース)と、下のN型のE(エミッタ)です。つまり、V_{BE}というのはP型-N型にかかっている電圧であり、I_Bというのは、ここに流れる電流です。よく考えてみると、このP型-N型という構造は、まさしくダイオードそのものなのです。そしていま考えているI_BとV_{BE}の関係というのは、ダイオードの電流と電圧の関係そのものになります。これは前の章で見てきましたね。

すなわち、トランジスタのI_B-V_{BE}特性は、ダイオードのときとまったく同じように図6-14のようなグラフになります。グラフの縦軸が対数軸で、ダイオードのときとはちょっと違うのでグラフの形としては違うように見えるかもしれませんが、実際は同じような関係です(そう見えない人はそう思い込みましょう)。

図6-14 トランジスタの I_B - V_{BE} 特性図

ところでダイオードでは、順方向に電圧を加えると電流が流れるのでしたが、

よくよく考えてみると、この電流が流れるためには真ん中にある空乏層という壁を越えて電子とホールが動かないといけないわけですから、あまり小さい電圧では電流が流れません。つまり、ある程度大きい電圧を加えないと、電流は流れません。シリコンでできたダイオードだと、最低でもだいたい 0.6[V] くらい必要です。

同様に、トランジスタの場合でも、I_B が流れるためには V_{BE} にはだいたい 0.6[V] 以上は加える必要があります。トランジスタを「ちゃんと使う」ためには、I_B をある程度流す必要があるのですが、そのために V_{BE} もある程度は加えておく必要があります。この「ある程度の I_B」というのは、いわばトランジスタが「動作」するための必要電流とでもいうべきもので、これを**バイアス電流**（bias current）、または**アイドリング電流**（idling current）と呼びます。車で信号待ちなどしているとき、アイドリングといって、エンジンは低速回転していますが、これは信号が青になったときにすぐ動けるようにスタンバイしているのですよね。トランジスタのアイドリング電流も、これと同じようなものです。

I_C-I_B 特性

次の静特性です。トランジスタに図 6-15 のように適当な値の V_{CE} などを加え、B（ベース）に流れる電流 I_B と、C（コレクタ）に流れる電流 I_C の関係を求めてみましょう。これを **I_C-I_B 特性**と呼びますが、実はけっこう簡単です。というのも (6-2) 式で出てきたトランジスタの直流増幅率 β というのは、$\beta = I_C/I_B$ のことで、これはほぼ一定です。つまり、$I_C = \beta I_B$ となりますから、I_C はほぼ I_B に比例します。つまり、この I_C-I_B 特性は図 6-16 のようになります。

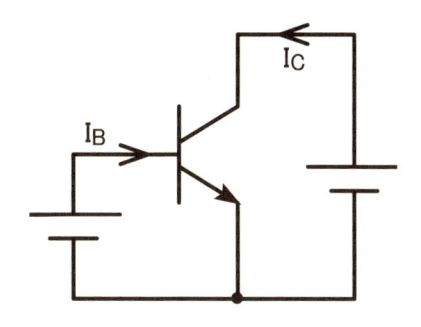

図 6-15　トランジスタの I_C-I_B 特性を考える回路

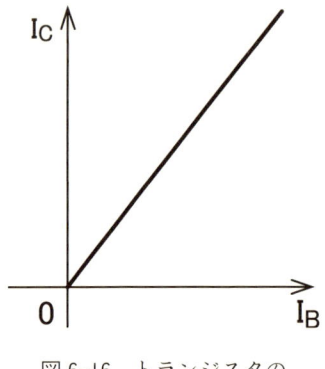

図 6-16　トランジスタの
I_C-I_B 特性図

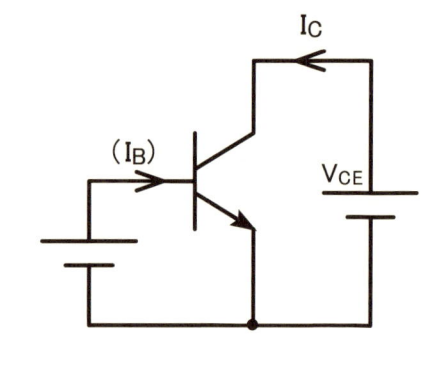

図 6-17　トランジスタの I_C-V_{CE}
特性を考える回路

I_C-V_{CE} 特性

　最後はちょっとややこしいです。図 6-17 のように、トランジスタに適当な V_{BE} を与えて B に電流 I_B を流した状態での、コレクタ電流 I_C とコレクタ-エミッタ間電圧 V_{CE} との関係のことを I_C-V_{CE} **特性**と呼びます。これはいままでの二つの静特性ほど簡単ではなく、式で表すと非常に複雑な式になります。そこでグラフの形だけ見ておきましょう。

　さきほどのトランジスタ 2SC1815 のデータシートに載っている I_C-V_{CE} 特性のグラフを書き出してきたのが図 6-18 です。このグラフの 1 本の線が、あるベース電流 I_B の値に対応する I_C と V_{CE} の関係、つまり I_C-V_{CE} 特性になります。さてこのグラフ、なかなか不思議な形をしていますが、次のような二つの特徴に注意しておきましょう。

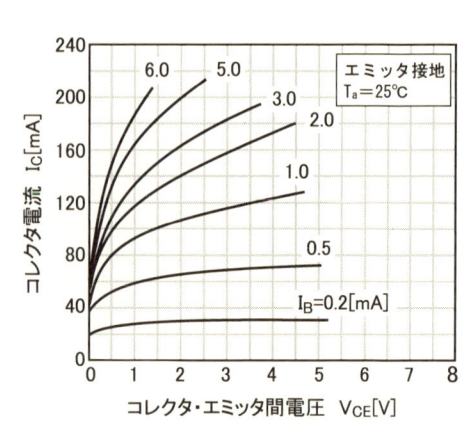

図 6-18　トランジスタの I_C-V_{CE} 特性図

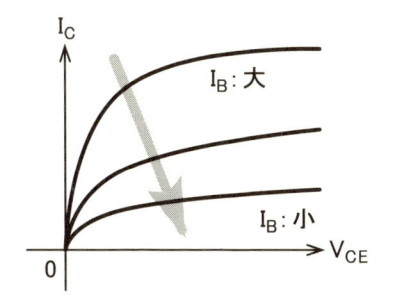

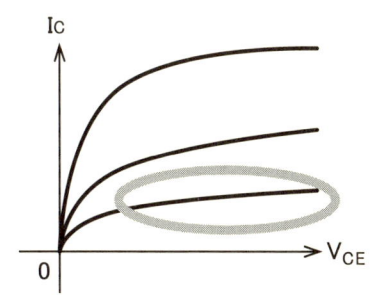

図 6-19　I_C-V_{CE} 特性の読み方
　　　　（その 1）

図 6-20　I_C-V_{CE} 特性の読み方
　　　　（その 2）

I_B によって、I_C-V_{CE} の関係が変わる

　I_B が大きいほど、グラフが上の方にのびています。つまり図 6-19 のように、I_B が大きいほど、同じ V_{CE} であれば I_C が大きくなります。

ある程度の V_{CE} に対しては I_C はほぼ一定

　I_B をある値に固定してみて、V_{CE} を 0 からだんだん大きくしていくと、最初は I_C も大きくなりますが、そのうち I_C はほぼ一定になってしまいます。つまり図 6-20 のように、ある程度大きい V_{CE} に対しては、I_C は V_{CE} にあまり関係せずにほぼ一定になります。

　さきほどのトランジスタ 2SC1815 のデータシートから、この 2SC1815 の直流増幅率 $\beta = I_C / I_B$ を求めてみます。I_C-V_{CE} 特性のグラフの中の $V_{CE} = 5[\mathrm{V}]$ のところを見てみましょう。例えば $I_B = 0.2[\mathrm{mA}]$ のときは $I_C = 30[\mathrm{mA}]$ となっています。つまり、このときは $\beta = I_C / I_B = 30 / 0.2 = 150$ です。しかし、$I_B = 0.5[\mathrm{mA}]$ のときは $I_C = 70[\mathrm{mA}]$ となっていますから、このときは $\beta = 70 / 0.5 = 140$ となり、さっきより小さくなります。さらに、$I_B = 1.0[\mathrm{mA}]$ では $I_C = 125[\mathrm{mA}]$ となっていますから、

このときは $\beta=125/1.0=125$ と、さらに小さくなります。ようするに、トランジスタの直流増幅率 β は、実は一定ではなく、多少変動するのです。あまり I_B が大きすぎると、β が小さくなるわけですが、これはこう考えましょう。β というのは、I_B を流したときに、その β 倍の I_C が流れる、という値ですが、この値が次第に小さくなる、つまり、期待しているほどコレクタ電流 I_C が流れない、という現象が起こってしまうわけです。

まあそれはさておき、ここまでに見てきたような3種類のトランジスタの静特性を使ってみましょう。

6.4. アンプを作ってみる

では、トランジスタを使って何か作ってみましょう。トランジスタには、これまでに見てきたように「増幅」をする性質がありますから、まずは「増幅」をする回路を作ってみましょう。例えばステレオやコンポのCDプレーヤなどの音楽の出力は、電圧が $0.1[\mathrm{V}]$ 程度と、とても小さいものです。そこでこれを「増幅」してやって、スピーカを鳴らすわけです。この「増幅」をするものを、普通、**アンプ**と呼びますが、これは「増幅（amplify）」をする**増幅器**（amplifier）のことで、amplifier の頭の方だけをとって「アンプ」と呼ぶわけです。

図 6-21 システムとして見たトランジスタ

さて、トランジスタの静特性のうち、これまで見てきた I_C-I_B 特性を思い出してみましょう。そこでわかったこととして、ある程度の範囲では $I_C=\beta I_B$ というふうに、コレクタ電流 I_C がベース電流 I_B に比例する、

ということがありました。

ここで、例えば I_B を、CDプレーヤから流れてくる音楽の波形に比例した電流としてみましょう。ようするに、トランジスタを入力と出力を持つ**システム** (system) として考えると、この I_B が入力というわけです。そしてこの場合の出力が I_C であり、この I_C が入力 I_B の β 倍となっているわけです。こう考えると、トランジスタは、β 倍の増幅率を持つ増幅回路（アンプ）ということになります。

なんだか、あっさりアンプができてしまいました。でも普通の増幅回路では、入力も出力も電流ではなく**電圧**で与えます。そこでベース電流 I_B ではなく、電圧 V_{BE} を入力として考えてみます。出力は、とりあえずは I_C と考えることにしましょう。

まずは図6-22のような、0[V]を中心とした正弦波を、入力として V_{BE} に与えてみます。この正弦波は、実際の音楽などの波形でも構いませんが、いきなりややこしい形の波形は考えにくいので、まずは正弦波を入力としておきましょう。

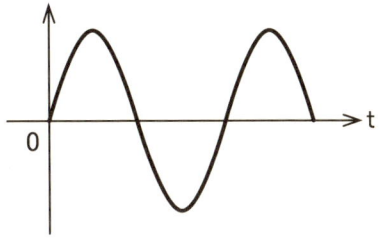

図6-22　0[V]を中心に変化する正弦波

I_B-V_{BE} 特性のグラフを思い出してみると、これは図6-23の太線のように、ダイオードの I-V 特性そのものでしたから、$V_{BE}<0$ のときは逆方向接続となって I_B は流れません。逆に、$V_{BE}>0$ のときは順方向接続となって I_B が流れます。つまり、入力が0[V]を中心とした正弦波の場合の V_{BE} と I_B の関係は、V_{BE} が正と負の場合を分けて考えると図6-23の灰色の線のようになります。

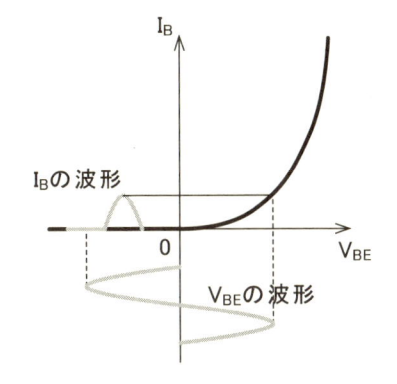

図6-23　I_B-V_{BE} 特性（0[V]付近）

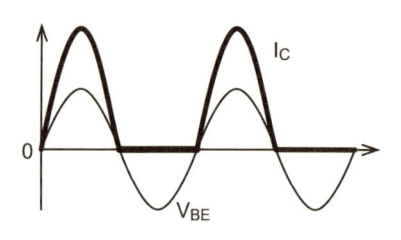

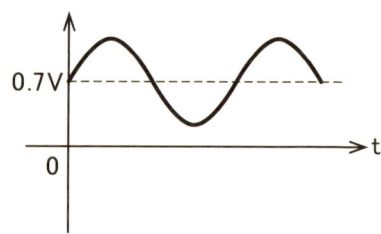

図6-24 0[V]を中心とした正弦波が入力のときのI_C

図6-25 0.7[V]を中心に変化する正弦波

ところで出力I_CとI_Bの関係は$I_C=\beta I_B$でしたから、I_Cの波形はI_Bと同じ形、つまり図6-24の太線のようになります。なんかいびつな形の波形ですね。こういう波形を「ひずんだ」波形といいます。オーディオに詳しい人ならピンとくるかもしれませんが、これをスピーカにつないで鳴らすと、いわゆる「ひずんだ音」になってしまいます。残念ながら、このトランジスタを使ったアンプは、音がひずんでしまうわけです。これはアンプとしてよくありません。それでは、音がひずまないアンプを作るためにはどうすればいいのでしょうか。

さきほどとはちょっと変えて、入力のV_{BE}を、0[V]を中心とした正弦波ではなくて、図6-25のような0.7[V]付近を中心とした正弦波としてみましょう。

するとI_B-V_{BE}特性のグラフから、図6-26のような波形のI_Bが得られます。これは、さきほどとはうって変わって、あまりひずんでいませんね。この場合、入力のV_{BE}は、I_B-V_{BE}特性のグラフの中で右の方の「立ち上がっている」部分のあたりだけを変化しますから、I_Bが流れないというようなことはないので、ひずんでいないわけです。

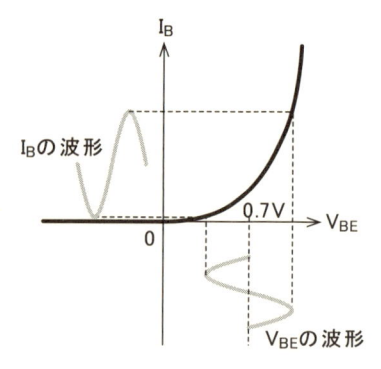

図6-26 I_B-V_{BE}特性(0.7[V]付近)

もちろん $I_C = \beta I_B$ ですから、出力の I_C もこれと同じ形の波形で、やはりひずんでいない正弦波となります。つまり、このような正弦波が入力であれば、出力をスピーカにつないでも音がひずまない、よいアンプとなるわけです。トランジスタも、入力次第でずいぶん変わるものですね。

この場合のように、トランジスタを増幅回路として使う場合には、波形がひずまないようにするために、入力 V_{BE} を 0[V] ではない、例えば 0.7[V] 程度のところを中心として変化する信号として与えます。この中心にする電圧のことを V_{BE0} と書き、これを**バイアス電圧**（bias voltage）と呼びます。実際の入力は、この V_{BE0} を中心として上下に変化するわけですが、この振幅を v_{be} と書くことにしましょう。つまり、実際の入力電圧 V_{BE} は次の式のようになります。

$$V_{BE} = V_{BE0} + v_{be} \tag{6-4}$$

なお、バイアス電圧 V_{BE0} のように一定（いわば直流）のものを大文字で書き、信号電圧 v_{be} のように時間とともに変化する（いわば交流）ものを小文字で書く習慣があります。

同じように、出力の電流 I_C も次のように分けて書くことができます。

$$I_C = I_{C0} + i_c \tag{6-5}$$

ここで、I_{C0} が変化の中心となるバイアス電流で、i_c が、そこを中心に変化する信号であるわけです。

このようにトランジスタを増幅回路として使うときには、入力にバイアス電圧 V_{BE0} を設定し、それに応じて出力としてバイアス電流 I_{C0} が流れるわけですが、このバイアス電圧・電流の組のことを**動作点**（operating point）と呼びます。増幅回路では、この動作点を中心として変化する信号を扱うわけです。この動作点を中心とする変化というのが、この場合の入力では v_{be}、出力では i_c であるわけですね。

最後のおまけに、このバイアス電圧をどうやって加えるのかを見ておきましょう。実はバイアス電圧は図 6-27 のような回路によって加えることができます。その詳しい理由を考えるとなかなか難しいのですが、大雑把

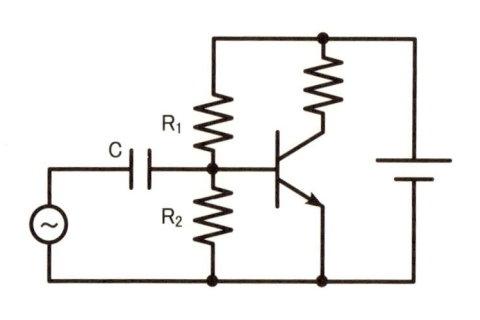

図 6-27 バイアス電圧の加え方

に次のように考えておきましょう。

まず、おおもとの入力信号は $0[V]$ を中心とする正弦波です。その先にコンデンサ C が入っていますから、その右側の電圧はコンデンサの電圧 V_c だけずれた電圧になります。ではその V_c はどう決まるのかというと、コンデンサの左側の電圧が、その上下につながっている 2 本の抵抗 R_1, R_2 の比から決まる分圧 $R_2V_0/(R_1+R_2)$ となるわけです。ようするに、コンデンサ自体は両端の電圧を好きに決められるわけですが、その電圧を、2 本の抵抗によって決めているわけです。この分圧の電圧がバイアス V_{BE0} となるわけです。

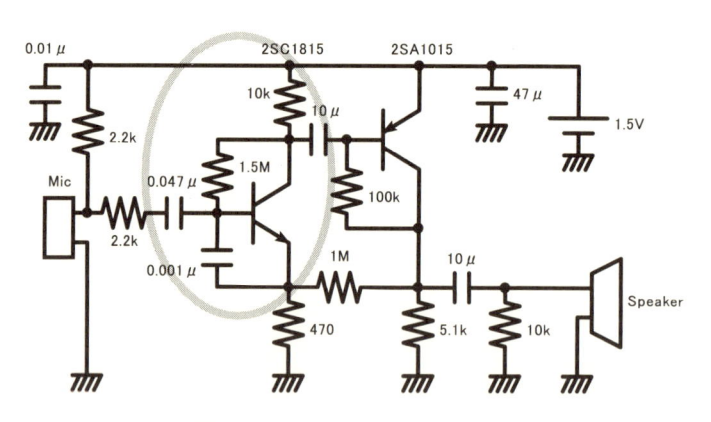

図 6-28 実際のアンプの回路図

ちょっとややこしいですが、こんな仕組みで動作点を設定しているわけですね。図 6-28 は実際のオーディオアンプの回路図の一部ですが、よく見てみると、このようにコンデンサと抵抗で動作点を設定していることがわかります。

6.5. アンプの動作を考える

　最後に、出力も電圧で考える増幅回路を考えてみましょう。図6-29のような回路を考えてみましょう。これは、トランジスタのE（エミッタ）が電池のマイナス極につながっているので、**エミッタ接地増幅回路**と呼びます。そして、電圧V_{CE}をこの回路の出力として考えてみることにしましょう。

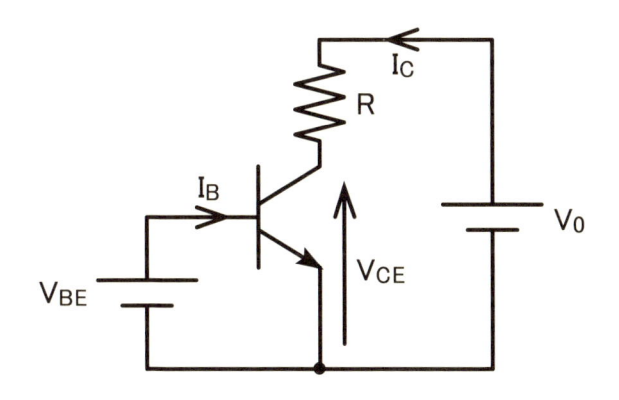

図6-29　エミッタ接地増幅回路

　まず、この回路の右側にある電源電池の電圧をV_0とすると次の関係が成り立ちます。

$$V_{CE} = V_0 - RI_C \tag{6-6}$$

これを少し変形すると次のようになります。

$$I_C = -\frac{1}{R}V_{CE} + \frac{V_0}{R} \tag{6-7}$$

エミッタ接地増幅回路の出力電圧V_{CE}と出力電流I_Cは、常にこの関係を満たすことになります。

　ところでトランジスタのV_{CE}とI_Cの間には、前に見たようなI_C-V_{CE}特性という関係が成り立つわけですが、同時に上の（6-7）式も成り立ち

ます。二つの関係が同時に成り立つということは、数学的にいうと連立方程式ですから、これを同時に満たすような変数 I_C と V_{CE}（つまり「解」ですな）が、実際に回路を流れる電流と加わる電圧となるわけです。この連立方程式の解は、二つのグラフの交点として求めることができますから、(6-7) 式のグラフを、トランジスタの I_C-V_{CE} 特性のグラフに重ねて描いてみましょう。

図 6-30 が、トランジスタの I_C-V_{CE} 特性のグラフに (6-7) 式のグラフを描いたものです。

(6-7) 式のグラフは傾きが $-1/R$、切片が V_0/R の直線であり、$I_C=0$ のときに $V_{CE}=V_0$、$V_{CE}=0$ のとき $I_C=V_0/R$ となります。つまり、この 2 点を通る直線となるわけです。この直線のことを**負荷線**（load line）と呼びます。

さて、図 6-30 のグラフから、実際にトランジスタがどのように働いているかを見てみましょう。

まず入力のバイアス電圧 V_{BE0} を 0.7[V]、入力信号 v_{be} の振幅を ± 0.1[V] としてみます。実際の入力電圧 V_{BE} は、$V_{BE}=V_{BE0}+v_{be}$ ですから、これは 0.6[V]〜0.8[V] の範囲で変化することになります。そして負荷抵抗 R は $R=33[\Omega]$、電池の電源電圧 V_0 は $V_0=5[V]$ としてみましょう。ちなみに、この場合の I_C-V_{CE} 特性の中の負荷線は

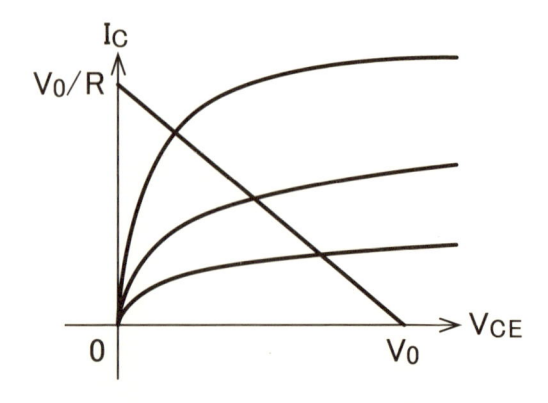

図 6-30　I_C-V_{CE} 特性と負荷線

$$I_C = -\frac{1}{33[\Omega]}V_{CE} + 150[\text{mA}] \qquad (6\text{-}8)$$

となります。

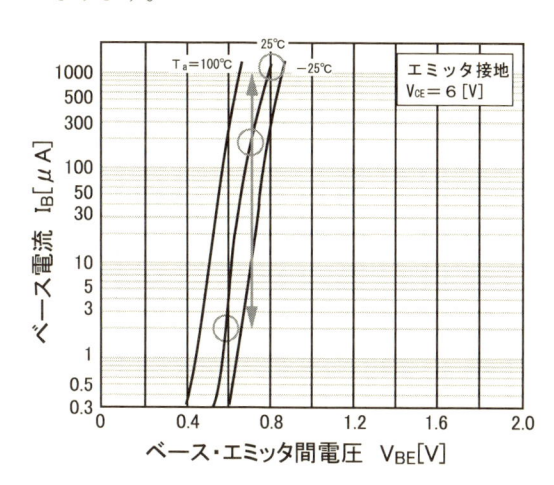

図 6-31　I_B-V_{BE} 特性と動作範囲

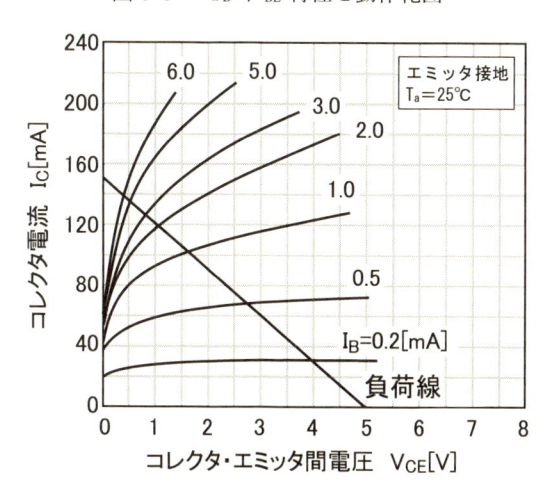

図 6-32　いま考えている I_C-V_{CE} 特性と負荷線

まず図 6-31 の I_B-V_{BE} 特性のグラフを見ると、入力の V_{BE} の範囲が 0.6[V] ～ 0.8[V] ですから、I_B の変化の範囲はグラフから読み取ると 2[μA]～1[mA] になります。

いま考えている回路の I_C-V_{CE} 特性のグラフと負荷線は図 6-32 のようになりますが、よくよく考えてみると、この I_C-V_{CE} のグラフはベース電流 I_B の値ごとに別々のグラフとなるのでしたよね。いまの場合、I_B は 2[μA]～1[mA] の範囲で変化をするので、この両端の I_B = 2[μA] と I_B = 1[mA] の二つのグラフを見ることにしてみましょう。

はじめに、I_B = 2[μA] のときの I_C-V_{CE} 特性のグラフは、実はこのグラフには出てきませんが、2[μA] = 0.002[mA] ですから、I_B = 0[mA] と

見なしてしまいましょう。これと負荷線の交点を探してみると、$V_{CE}=5[\mathrm{V}]$ のところが交点となっています。

もう一つ、$I_B=1[\mathrm{mA}]$ のときを見ておきましょう。このときの I_C-V_{CE} 特性のグラフと負荷線の交点を探してみると、こんどは $V_{CE}=1.6[\mathrm{V}]$ となっています。

この二つの点が、I_B の変わる範囲での上限と下限ですから、この間隔が V_{CE} が変わる範囲の上限と下限となります。つまり、V_{CE} の変化の範囲は $1.6[\mathrm{V}]\sim5[\mathrm{V}]$ ということになります。そしてこの変化の幅、すなわち振幅は $5-1.6=3.4[\mathrm{V}]$ となりますが、これをちょっと書き換えると V_{CE} の変化の範囲は次のように書くことができます。

$$V_{CE}=3.3[\mathrm{V}]\pm1.7[\mathrm{V}](=5\sim1.6) \tag{6-9}$$

この式からわかるように、V_{CE} は $3.3[\mathrm{V}]$ を中心として振幅 $1.7[\mathrm{V}]$ で変化します。ですから、この $3.3[\mathrm{V}]$ がバイアス電圧 V_{CE0} であるわけです。そして、この場合の変化の中心、つまりこの回路の動作点は $V_{BE}=0.7[\mathrm{V}]$、$V_{CE}=3.3[\mathrm{V}]$ となります。

もともとの入力である V_{BE} は $\pm0.1[\mathrm{V}]$ の振幅で変化をしていたわけですが、この最終的な出力である V_{CE} は $\pm1.7[\mathrm{V}]$ の振幅で変化をしています。

これは、入力の振幅が17倍になって出力に出てきた、と考えることができます。入力電圧と出力電圧の振幅の比を **(電圧) 増幅率** と定義すれば、このエミッタ接地増幅回路の電圧増幅率は17倍となります。

ちなみに実際の出力としては、出力のバイアス電圧 $V_{CE0}=3.3[\mathrm{V}]$ を除いて、変化分である $\pm1.7[\mathrm{V}]$ の部分だけを、入力のときと同じようにコンデンサを使って取り出してスピーカを鳴らすなどに使います。

だいぶややこしくなってきましたが、ついでにこの回路にある負荷抵抗 R と増幅率の関係を考えておきましょう。R が大きいほど負荷線の傾きが小さくなりますから、同じ I_C の変化に対応する出力 V_{CE} の変化が大きくなります。つまり、負荷抵抗 R が大きいほど電圧増幅率が大きくなります。このあたり、ちょっとややこしいのですが、余裕がある人はよくグ

ラフを見て考えてみてください。

　以上、トランジスタと、それを使った代表的な回路である増幅回路（アンプ）を考えてきました。ちょっと（いや、かなり）ややこしいのですが、グラフをよく見て文字をよく整理して、がんばって見ておいてください。

ビール運びロボット "電電くん"（その4）

コップの検出

　電電くんが前述の方法によってビールの到着を客に知らせた後は、「トレイ式コップホルダー」に置かれたビールの入ったコップをとってもらうまで待つ。コップがなくなったことを検知する方法としては、次のようなものが考えられる。

1. コップの底のところにスイッチを設け、コップがあるときはその重さでスイッチが押されることでコップの有無を検知する（図6-33上）。
2. コップの底のところに光センサを設け、コップがあると光が入らないことを利用してコップの有無を検知する（図6-33下）。

1.の機械的スイッチを用いる方法の場合、コップに入っているビールの量によって重さが異なり、

図6-33　電電くんのコップ検出システム

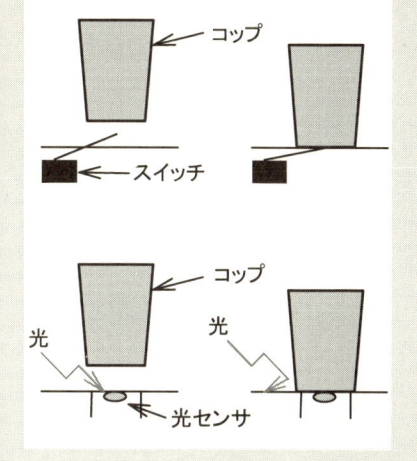

ビールの量が少ないとスイッチを押し切れないことも考えられるため、電電くんでは2.の光センサを用いる方法を採用した。

　しかし現実問題として考えた場合、電電くんが置かれる状況であるビアガーデンは五月祭中の昼間の屋外であるため、あまり天候が良いと太陽の

光が強すぎてコップを透過してしまう恐れがある。つまり、コップが置かれていても光センサに光が入ってしまい、コップの有無を検知できない可能性がある。そこで光センサをコップの下と外に二つ設け、その両者の明るさの差を測ることでコップの有無を検知する方法を考案したが、開発時間の関係で採用されなかった。

駆動系

以上のような種々の機能を搭載する電電くんは、かなりの重量になることが予想される。さらに計画では同時に6本の500[cc]ビールを運ぶことになっていたため、これだけでもおよそ3[kg]にもなる。また、電源の鉛蓄電池の重量も無視できない（鉛の密度は11.34[g/cm²]と金属の中でもかなり大きく、体積あたりの重量が大きい）。

このような状況のため、電電くんには十分な駆動能力を持ったモータを搭載することが要求された。モータには主に次のようなものがある。

1. DCモータ。いわゆる普通のモータであり、電流を流すと回転し、流さないと止まる。流す電流の量で回転速度を制御できる。
2. ステッピングモータ。信号を与えるごとに一定角度だけ回転するため、信号を与える回数で回転量を制御できる。

意図した距離だけ進むという電電くんには、2.のステッピングモータの方が適している。実際、この電電くん（コードネームは「電電くん3号」）の以前に存在した「電電くん1号」ではこのステッピングモータを駆動系に用いている。しかし一般に、ステッピングモータは駆動能力が小さいため、電電くんのような重量を動かすだけの力がない。実際「電電くん1号」は動くことができず、車輪がピクピクと痙攣（けいれん）するだけであった。

この教訓から、制御性は犠牲になるが、大きな力を出すことができるDCモータを採用した。幸い、東京・御徒町（「アメ横」ともいう）の玩具店で子供用の電動乗用車（（株）アガツマ製の「ポルカS」、図6-34)を入手できたためこれを用いた（いい歳の大学院生が「ポルカS」の箱を持って御徒町を歩いている姿を想像していただきたい）。しかし「ポルカ

S」は直進しかできないため、これを2台用いて左右両輪に供し、これを独立に駆動することで任意の走行を可能とした。

「ポルカS」の最大運搬重量は25[kg]であるため、2台で50[kg]もの運搬能力を持つことになり、電電くんの重量にも十分に対応できる。もちろんこれだけの荷重に耐えられるよう、本体の構造もアルミ合金材を組み合わせた頑丈なものとした。

図 6-34　電電くんの駆動系に使った「電動ポルカS」

この「ポルカS」のDCモータによって駆動能力は十分となったが、制御性に問題が残る。DCモータの場合、電流を流せば回転するが、電流を止めた後も回転が止まるまでにしばらく惰性で回転してしまうため、意図しただけ回転して止める、ということが困難となる。しかも電電くんは、位置を移動した向きと距離から計算しているため、この精度は致命的な問題となる。そこで、モータに流す電流と流す時間、惰性を含めたタイヤの回転数（すなわち移動距離）との関係を多くの場合について測定し、それらの関係を経験則として求めて用いた。

（以下、クライマックスの153ページへ続く）

第7章
魔法の増幅器
～オペアンプ

　この章では、やんわりと趣向を変えて、ぐっと「電子回路」っぽいものを見ていきましょう。それは増幅器の一種なのですが、ちょっと変わってはいますが、ずいぶんいろんな使い道があるものです。それを見ていく途中で、いままでとは一味も二味も違う電子回路っぽさを感じてもらえればと思います。

7.1. 魔法の増幅器

　秋葉原などの部品屋さんに行って、「おやじ、オペアンプくんな」と言ってみてください。すると、図7-1のようなものを売ってくれると思います。値段はピンキリですが、安いものだと100円ぐらいでしょうか。さて、この「オペアンプ」とは、いったいどんなものなのでしょうか。

図7-1　売っているオペアンプのIC

　図7-2を見てください。これは「オペアンプ」の回路図記号ですが、何やら三角形の左側に＋と－の印のついた端子があり、右側の先にもう一つ端子があります。この増幅器には、次のような特徴があります。二つの

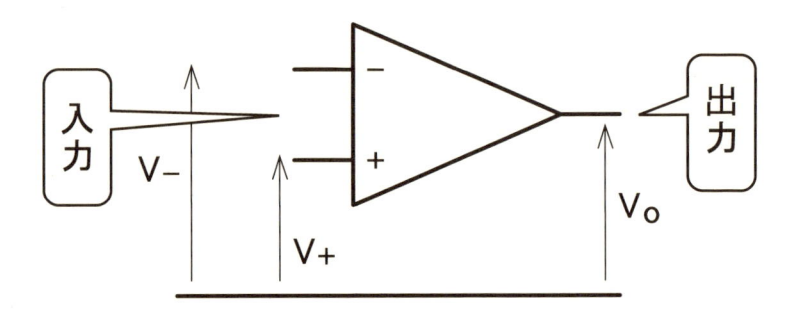

図 7-2 演算増幅回路（オペアンプ）

　左側の端子＋と－を入力と考えて電池をつないで電圧を加え、それぞれの電圧を V_+ と V_- とします。そして右側の端子に出てくる電圧を出力と考えて V_o とします。これらの間に、次のような関係があるのです。

$$V_o = A(V_+ - V_-) \tag{7-1}$$

　なんだかよくわからないのですが、まず二つの入力端子に加える電圧の差が $V_+ - V_-$ です。そしてそれを A 倍したものが出力 V_o である、というわけですね。とりあえず A 倍しているわけですから、まあ増幅器と考えていいでしょう。でもただの増幅器ではなく、「二つの入力の差」を増幅してくれるわけです。このような増幅器を、**演算増幅器**（Operational Amplifier）と呼びます。この演算増幅器、普通は英語名を略してOP-AMP（**オペアンプ**）と呼ぶことが多いので、こちらの呼び方を覚えておきましょう。

　さて、係数 A ですが、これはどれぐらい増幅するか、という数値ですから、増幅率と呼びます。ただしオペアンプというのは、この増幅率がべらぼうに大きく、例えば100万倍（10^6）もあるものも珍しくありません。100万倍と一口にいっても、これはものすごく大きな値です。例えば100万分の1[V]（1[μV]）の入力の差が1[V]になって出てくるわけです。そこいらのアンプとは比べものになりません。

　つまりこのオペアンプ、単なる増幅器ではなくて、二つの入力の差をとり、それをものすごく大きく増幅する増幅器、というわけです。

ところで、こんなもの、いったい何に使うんでしょうね。

7.2. 理想的なオペアンプ

まず、オペアンプを考えていく上で、ちょっと「ずる」をしましょう。というのも、端子が三つもあって、しかもただの三角形の記号で中身もよくわからないので、なかなかとっつきにくいですね。そこで、次のようなことを仮定してしまいましょう。

- $A=\infty$ （増幅率が、ただ大きいのではなくて、無限大）
- 入力端子に電流は流れない

本当はもっといろいろ仮定するのですが、とりあえずはこの二つでいいでしょう。このような仮定を満たす増幅器は、本当は世の中には存在しません。だって、そもそも無限大の増幅率というのが無茶な話ですよね。

でも、この仮定を満たすようなオペアンプを考えます。このようなオペアンプを**理想演算増幅器（理想オペアンプ）**と呼びます。

この理想オペアンプの仮定から、一つの大切な性質が導かれます。というのも、実在しない理想オペアンプといっても、出力電圧 V_o はさすがに有限の値です。無限大の電圧というのは、さすがに反則です。

でもよく考えてみると、$V_o=A(V_+-V_-)$ という関係がありました。しかもいま $A=\infty$ です。すると、出力 V_o は (V_+-V_-) の A 倍、つまり無限大倍、ということになります。ここでもし (V_+-V_-) が 0 でない値、例えば 1[V] とかだったりすると、それの無限大倍が V_o ですから、この V_o も無限大となってしまい、これはまずいわけです。それではどこがまずかったのか、というと、(V_+-V_-) が 0 でない、という仮定がまずかったのです。

というわけで、ちょっとだまされたような気もしますが、$(V_+-V_-)=0$、つまり $V_+=V_-$ とならないといけないことになります。つまり理想オペアンプでは、**二つの入力端子の電圧は常に等しくなる**、というわけです。なんだか不思議な気もしますが、これが、オペアンプを使った回

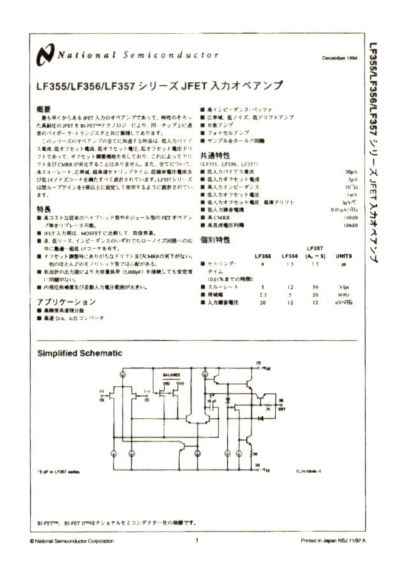

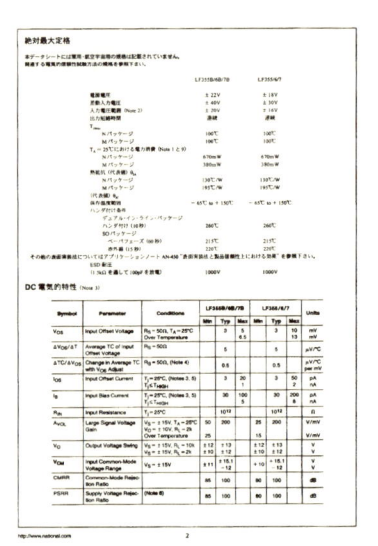

図7-3 実際のオペアンプ LF356 のデータシート（抜粋）

路を考えていく上でのポイントですので、ひとつ覚えておきましょう。

　ちなみに、秋葉原とかで売っている、理想的でないオペアンプでも、理想オペアンプに近い性質を持っています。例えば図7-3は、お店で売っている、理想でないオペアンプの LF356 というもののデータシートの一部です。いろんなことが書いてありますが、その中にこんなことが書いてあります。

- 増幅率 $A = 106 \, [\text{dB}]$
- 入力インピーダンス $Z_i = 10^{12} \, [\Omega]$

細かいことはすぐ次の7.3節で紹介しますが、この $106 \, [\text{dB}]$ というのは、「増幅率が 200,000 倍」という意味です。増幅率が 200,000 倍。さすがに無限大というのは無理にしても、なかなか大きな増幅率です。これぐらいあれば、まあ近似的に理想オペアンプに近い、と考えても無茶ではない気もします。

　もう一つ、入力インピーダンス Z_i が $10^{12} \, [\Omega]$ というのがあります。これは、このオペアンプ LF356 の入力のところに $10^{12} \, [\Omega]$ の抵抗がついて

いるようなものだ、という意味です。つまり、入力端子に1[V]の電圧を加えたとすると、そのときに流れる電流は、オームの法則から$1[V] \div 10^{12}[\Omega] = 10^{-12}[A]$、すなわち1[pA]（1ピコアンペア）というわけです（このp（ピコ）というのを忘れた人は、20ページの表2-2を見ましょう）。ようするに、たったの1兆分の1[A]しか流れないわけです。これだけ小さければ、電流が流れないと見なすのも、まあ、それほど無茶な話ではないでしょう。

結局、増幅率、入力インピーダンスのどちらをとっても、このオペアンプLF356は、理想オペアンプと見なしてばちはあたらないといえそうです。このLF356以外でも、売っているオペアンプは、まあだいたいこんなものですから、結論として、理想でない実際のオペアンプでも、ほとんど理想オペアンプと見なしてよい、といえそうです。

というわけで、ここからさきは、理想オペアンプを仮定して考えていきましょう。

7.3. デシベル？

ちょっと話が横道にそれますが、比較的よく使う単位について紹介しておきましょう。さっきも出てきましたが、増幅率などを表すときに、よく[dB]（**デシベル**、と読む）という単位が使われることがあります。これは、騒音の大きさなどを表すときにも使われます。

このデシベルという単位なのですが、ある増幅率Aを、デシベルを単位として表すと、次のようになります。

$$20 \log_{10} A \qquad (7\text{-}2)$$

ふむ？　と思っても、これが定義なので、あきらめましょう。こういうものなのです。$\log_{10}$のことを常用対数と呼ぶ、なんてことを高校で習った人も多いかと思います。いくつかこれに関連した計算規則がありましたが、念のため思い出しておきましょう。

- $a^y = x$ のとき、$y = \log_a x$ (対数の定義；a は底)
- $\log_a AB = \log_a A + \log_a B$
- $\log_a A^n = n \log_a A$
- $\log_a a = 1$, $\log_a 1 = 0$

これを使って、例えば $A = 10$ 倍、というのを、デシベルを単位として表してみると $20 \log_{10} 10 = 20 \cdot 1 = 20 [\mathrm{dB}]$ となります。

他にもこんな感じになります。

- $A = 100$ 倍 → $20 \log_{10} 100 = 20 \log_{10} 10^2 = 40 \log_{10} 10 = 40 [\mathrm{dB}]$
- $A = 1000$ 倍 → $20 \log_{10} 1000 = 20 \log_{10} 10^3 = 60 [\mathrm{dB}]$
- $A = 10000$ 倍 → $20 \log_{10} 10000 = 20 \log_{10} 10^4 = 80 [\mathrm{dB}]$
- $A = 2$ 倍 → $20 \log_{10} 2 = 20 \cdot 0.301 = 6 [\mathrm{dB}]$

デシベルのいいところは、100 倍 $= 40 [\mathrm{dB}]$、1000 倍 $= 60 [\mathrm{dB}]$、10000 倍 $= 80 [\mathrm{dB}]$ というように、A が指数関数的に大きくなっていっても、それをデシベルで表すと、それほど大きくならない、という点にあります。例えば $A = 1,000,000,000$ 倍でも、$180 [\mathrm{dB}]$ です。ようするに、オペアンプの増幅率のように、とても大きい（つまり 0 がたくさんある）数を表すときには、デシベルを使った書き方はなかなか便利なのです。

逆もやっておきましょう。例えば $20 [\mathrm{dB}]$ を元の数に直すときは、定義に入れればよいわけです。すなわち、$20 = 20 \log_{10} A$ を満たす A、というわけですから、$A = 10^{20/20} = 10$ 倍、となります。他にも、次のような感じになります。

- $40 [\mathrm{dB}]$ → $A = 10^{40/20} = 10^2 = 100$ 倍
- $60 [\mathrm{dB}]$ → $A = 10^{60/20} = 10^3 = 1000$ 倍
- $80 [\mathrm{dB}]$ → $A = 10^{80/20} = 10^4 = 10000$ 倍
- $6 [\mathrm{dB}]$ → $A = 10^{6/20} = 10^{0.3} = 2$ 倍
- $46 [\mathrm{dB}]$ → $A = 10^{46/20} = 10^{(40+6)/20} = 10^2 \cdot 10^{0.3} = 100 \cdot 2 = 200$ 倍

おっと、最後のはちょっとややこしかったですね。これは、46[dB]＝40[dB]＋6[dB] として、40[dB]＝100 倍、6[dB]＝2 倍、ですから、これを掛けて46[dB]＝100×2＝200 倍、というふうに計算しています。逆に 200 倍をデシベルに直してみましょう。$\log_a AB = \log_a A + \log_a B$ という性質を使います。200＝2・100 ですので、

$$20 \log_{10} 200 = 20 \log_{10}(2 \cdot 100)$$
$$= 20(\log_{10} 2 + \log_{10} 100) = 20 \log_{10} 2 + 20 \log_{10} 100$$
$$= 20 \times 0.301 + 20 \times 2 = \underline{46[\text{dB}]}$$

こんなわけで、このデシベルという単位、案外ちょくちょく見かけるのではないかと思いますので、見かけたら、$20 \log_{10} A$ を思い出してください。

7.4. オペアンプを使ってみる〜反転増幅回路

では早速、オペアンプを使った回路をいくつか見ていきましょう。

まず最初はオペアンプ 1 個と抵抗を 2 個使って、図 7-4 のような回路を作ってみます。この回路に V_i という電圧を加えた場合の、出力 V_o を求めてみましょう。

ミソになるのは、理想オペアンプの性質の一つ、**二つの入力端子の電圧が同じになる**ことです。プラス端子の方は電池のマイナス極につながっていますから、そこの電圧 V_+ は 0[V] です。ということは、もう一方の電圧 V_- も 0[V] となるわけです。

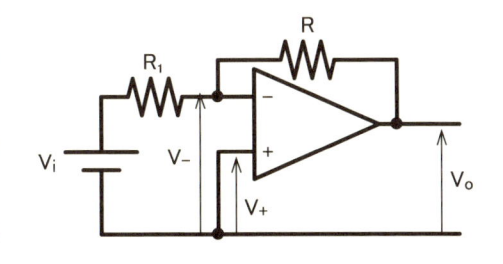

図 7-4　反転増幅回路

さて、抵抗 R_1 に目を移してみましょう。この抵抗の両端の電圧は、左側が V_i、右側が 0[V] ですから、その差は V_i となります。これが抵抗

R_1 にかかっているわけですから、そこを流れる電流 I は、オームの法則から $I = V_i / R_1$ となります。

この電流 I ですが、理想オペアンプのもう一つの性質である、**入力端子には電流が流れない**、というのを使うと、この I はオペアンプには流れず、そのまますべて上にある抵抗 R の方に流れていきます。

この抵抗 R では、抵抗 R のところに電流 I が流れていますから、この抵抗の両端の電圧は、再びオームの法則から RI となります。そしてこの抵抗 R では左側から右側に電流が流れているわけですから、右側の方が電圧が低いわけですが、左側の電圧が $0\,[\mathrm{V}]$ ですから、結局右側の電圧、つまり V_o は、$0\,[\mathrm{V}]$ から RI だけ下がった分となり、$V_o = -RI$ となります。

これにさきほどの式を代入すると、最終的に以下のような関係式が導かれます

$$V_o = -\frac{R}{R_i} V_i \tag{7-3}$$

このように、この回路では、出力電圧 V_o が、入力電圧 V_i の R/R_i 倍、ただし、プラスマイナスが逆になります。そのため、この回路のことを**反転増幅回路**（inverting amplifier）と呼びます。反転増幅回路は、オペアンプを使った、もっとも基本的で、もっともよく使う回路です。

7.5. オペアンプを使ってみる〜加算増幅回路

では次に、この反転増幅回路をもう少しいじってみましょう。抵抗をもう1本追加して、図7-5のような回路を作ってみたとします。こんどは、入力電圧が V_1, V_2 と二つあります。この回路の出力電圧 V_o を求めてみましょう。

実は V_1、V_2 のそれぞれについて、さきほどの反転増幅回路の場合とまったく同じように考えることができて、抵抗 R_1 に流れる電流 I_1 と、抵抗 R_2 に流れる電流 I_2 はそれぞれ次のようになります。

$$I_1 = \frac{V_1}{R_1}, \qquad I_2 = \frac{V_2}{R_2} \tag{7-4}$$

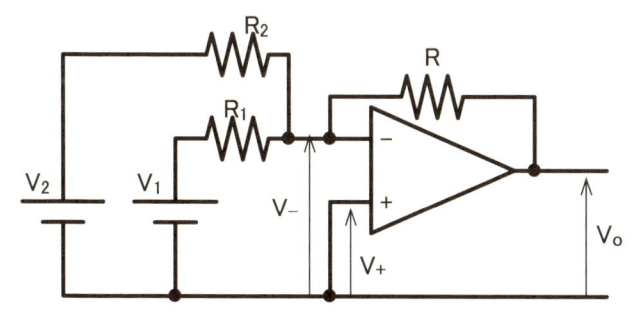

図 7-5　加算増幅回路

理想オペアンプの入力端子には電流が流れませんから、これらはまとめて抵抗 R に流れてしまいます。つまり、抵抗 R に流れる電流 I は次のようになります。

$$I = I_1 + I_2 = \frac{V_1}{R_1} + \frac{V_2}{R_2} \tag{7-5}$$

そして、この抵抗 R の両端電圧は、やはりオームの法則から RI で、左側の $0[\mathrm{V}]$ からこの RI だけ下がった分が出力 V_o ですから、結局これは次のような式になります。

$$V_o = -R\left(\frac{V_1}{R_1} + \frac{V_2}{R_2}\right) = -\left(\frac{R}{R_1}V_1 + \frac{R}{R_2}V_2\right) \tag{7-6}$$

つまり、二つの入力電圧の「和」(ただし、それぞれ R/R_1, R/R_2 倍されますが) が出力電圧となるわけです。そこでこの回路を**加算増幅回路** (summing amplifier) と呼びます。

　この加算増幅回路、実は案外身近なところで使われています。例えば入力の V_1 と V_2 に、それぞれ周波数の違う正弦波を加えてみると、出力の V_o は、それらを足したものになります。正弦波を足したもの、といってもピンとこないかもしれませんが、正弦波を「音」と考えてみると、それは「和音」になるわけです。

　例えば V_1 が $440[\mathrm{Hz}]$ の正弦波、つまり「ラ」の音としましょう。そして V_2 が $524[\mathrm{Hz}]$ の正弦波、すなわち「ド」の音としましょう。すると、出力 V_o はこの二つを足したものになって、図 7-6 のようなグラフになりま

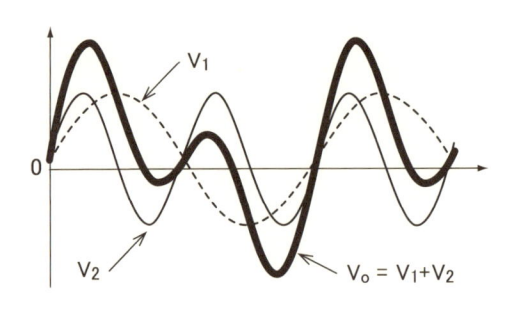

図 7-6　加算増幅回路の出力の波形

すが、これをスピーカにつないで音として聞いてみると、不思議なもので、「ラ」と「ド」の和音として聞こえます。

他にも例えば V_1 をギターの音、V_2 をボーカルの音としてみると、V_o はそれをミックスしたものになります。ようするに、ミキサ（mixer）になるわけですね。オーディオ用のミキサは、基本的にはこの加算増幅回路を使っています。ちなみに、R_1 と R_2 を変えることで両者の比率を好きに変えることができます。なかなか便利なものですね。

7.6. オペアンプを使ってみる〜非反転増幅回路

最後にもう一つ、オペアンプを使った図 7-7 のような回路を見ておきましょう。この回路では、入力の V_i が、そのままオペアンプのプラス端子につながっていますから、$V_+ = V_i$ となります。そして理想オペアンプの性質から、$V_+ = V_-$ ですから、$V_- = V_i$ となります。

さて、このオペアンプのマイナス端子の電圧 V_- は、出力電圧 V_o を、二つの抵抗 R_1 と R_2 で分圧したものになっています。2.8 節で見た式を使

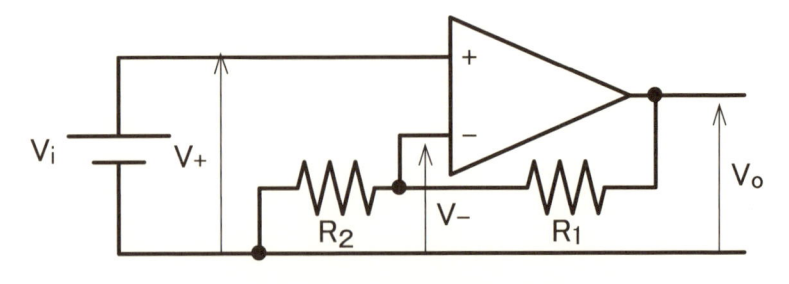

図 7-7　非反転増幅回路

ってみると、次のようになります。

$$V_- = \frac{R_2}{R_1+R_2} V_o \qquad (7\text{-}7)$$

これをちょっと変形すると、次のようになります。

$$V_o = \frac{R_1+R_2}{R_2} V_- = \left(1+\frac{R_1}{R_2}\right) V_- \qquad (7\text{-}8)$$

でも、$V_- = V_i$ でしたから、結局次のような式が求められます。

$$V_o = \left(1+\frac{R_1}{R_2}\right) V_i \qquad (7\text{-}9)$$

この回路、さっきの反転増幅回路と違って、出力 V_o と入力 V_i の符号が逆になりません。そこでこの回路を **非反転増幅回路**（non-inverting amplifier）といいます。

非反転増幅回路では、入力がそのままオペアンプのプラス端子につながっていますが、理想オペアンプではここには電流が流れないはずです。したがって、**非反転増幅回路では入力に電流が流れません**。つまり電圧だけで動く増幅回路、というわけです。ちょっと不思議な気もしますが、世の中にはこんな回路もあります。

7.7. オペアンプの中身

ここまで、理想オペアンプを使った回路を見てきました。実際に売っているオペアンプも、ほとんど理想オペアンプと見なして構わない、ということでしたが、最後にちょっとだけ、オペアンプの中身を見ておきましょう。だいぶ内部の細かい話なので、読み流してもらって構いません。

図 7-8 は、売っている LM358 というオペアンプの回路図です。なんだかトランジスタがたくさんありますが、この回路の中心的な部分は、左半分です。この部分の要点だけを書き出したものが図 7-9 です。

この回路、二つのトランジスタが背中合わせに並んでいます。それぞれのベース（B）に、抵抗 r を通してそれぞれ電圧 v_1 と v_2 を加えてみましょう。そしてそれぞれのコレクタ（C）の電圧を v_3 と v_4 として、その差

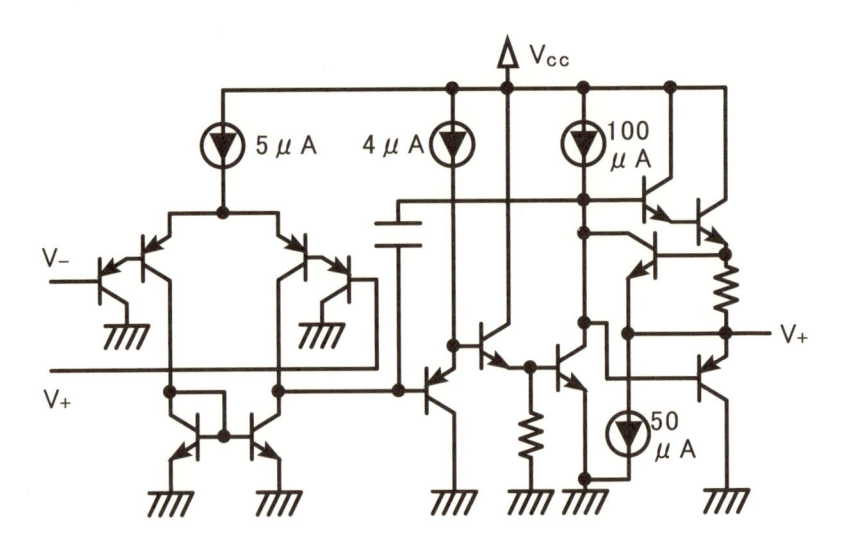

図 7-8　市販されているオペアンプ LM358 の回路図

$v_3 - v_4$ を、出力 v_o としておきましょう。

詳細はここでは書ききれませんが、トランジスタの動作モデルを使うと、出力 v_o は次のようになることが導かれます。

$$v_o = v_3 - v_4 = -\frac{\beta R_c}{R_{ie}}(v_1 - v_2) \tag{7-10}$$

ここで $R_{ie} = r + r_b + (1+\beta)r_e$ で、r_b と r_e は、それぞれトランジスタの等価ベース抵抗・等価エミッタ抵抗と呼ばれる値です。そして β は、第 6 章のトランジスタのところで出てきましたがトランジスタの直流増幅率です。

この式、要点だけ見ておくと、v_o が $v_1 - v_2$ に比例しています。ということは、これは実はオペアンプの特性そのものです。このよ

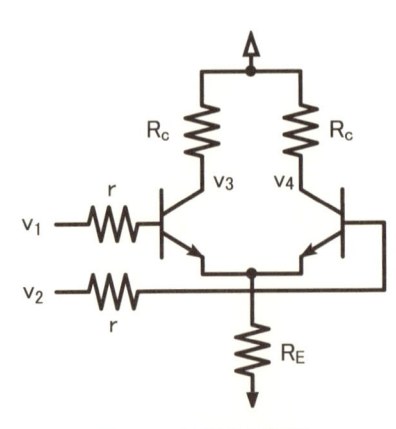

図 7-9　差動増幅回路

うな回路を差動増幅回路（differential amplifier）と呼びますが、まさにこれがオペアンプそのものであるわけです。

さてもう一つ、オペアンプをつくる上で欠かせない回路を紹介しておきましょう。それは図7-10のような回路です。これも二つのトランジスタが並んでいますが、今度は向き合っていて、しかも左側のトランジスタのコレクタとベースがつながっています。それぞれのトランジスタのコレクタに、抵抗 R を通して流れる電流をそれぞれ I_1 と I_2 として、I_1 から分離して真ん中に流れている電流を I_3 としてみましょう。トランジスタの直流増幅率 β は、コレクタ電流 I_C とベース電流 I_B の比、つまり $\beta = I_C/I_B$ だったことを思い出して、これを使ってみると、次のような関係が成り立ちます。

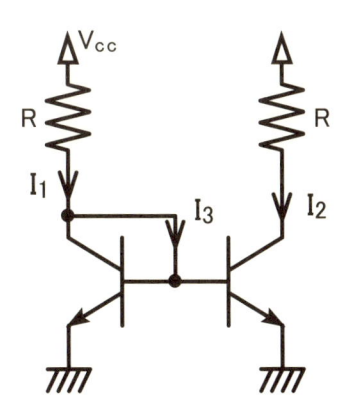

図7-10 カレントミラー回路

$$I_1 = I_3 + \frac{\beta}{2} I_3 = \left(1 + \frac{\beta}{2}\right) I_3 \qquad (7\text{-}11)$$

$$I_2 = \frac{\beta}{2} I_3 \qquad (7\text{-}12)$$

真ん中の I_3 が、二つに分かれて $I_3/2$ としてそれぞれのトランジスタのベースに流れてベース電流 I_B となっていることに注意しましょう。これらの式から I_3 を消去してみると、次のような式が導かれます。

$$I_2 = \frac{1}{1 + 2/\beta} I_1 \qquad (7\text{-}13)$$

実際のトランジスタでは、直流増幅率 β は十分大きな値なので、これを使って $2/\beta = 0$ と近似をすると、次のような式が導かれます。

$$I_2 = I_1 \qquad (7\text{-}14)$$

つまり、I_1 と I_2 は同じになってしまうわけです。このようにこの回路で

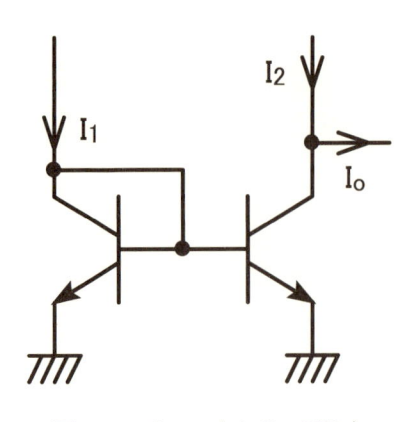

図 7-11　カレントミラー回路を
　　　　　使った差分回路

は、左側の電流 I_1 が、まるで鏡に映したかのように、同じ大きさで右側に I_2 として流れるため、この回路を **カレントミラー回路**（current mirror）と呼びます。

このカレントミラー回路を使って図 7-11 のような回路をつくってみましょう。右側のトランジスタのコレクタに流れる電流は $I_2 - I_0$ となりますが、カレントミラー回路の性質から、これと I_1 が等しくなります。つまり $I_1 = I_2 - I_0$ ですが、これを変形すると $I_0 = I_2 - I_1$ となり、二つの電流の差分が I_0 として出てくることになります。

このようにカレントミラー回路は、うまく使うと差分を求める回路として使うことができて、これが実はさきほどの差動増幅回路のところで、電流を電圧に変換しながら出力 v_o を $v_3 - v_4$ のように差分として求めるところに使われているわけです。

中身のわからないブラックボックスとして扱っていたオペアンプですが、中をよく見ると、ちょっとした工夫のあるトランジスタの回路でしたね。

ビール運びロボット "電電くん"(その5)

電電くんのシステム構成

　ここまでは、電電くんに要求される機能およびそれを実現するための装置について見てきた。電電くんをシステムとして完成するためには、これらを総括的に管理統合する中核部分が必要となる。通常のコンピュータではCPU（Central Processing Unit；中央処理装置）と呼ばれる装置が、周辺の各装置を統括して制御する構成をとる。電電くんでもこの構成を採用した（図7-12）。

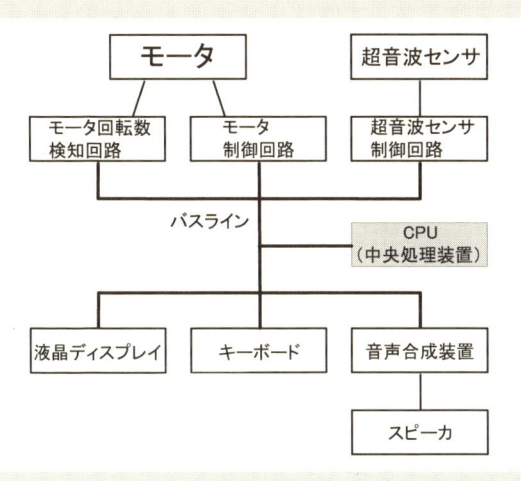

図7-12　電電くんのシステム構成

　このような構成では、CPUと周辺の各装置との信号のやりとりはすべて「バスライン」と呼ばれる太い信号線を通しておこなわれる。

　バスラインにはすべての周辺装置の制御回路がつながっているため、CPUがある特定の装置（例えば音声合成装置）を制御したい場合は、まず最初にCPUが情報をやりとりする先を指名する信号（アドレス）をバスラインに流す。

　各装置は、自分が指名されているかどうかを検出する機能を持ち、自分が指名されていなければ何もしないが、自分が指名されたと判断した場合はCPUからの指示を待つ。その後はCPUがその装置のみに対して制御

をおこなったり情報を得たりする。

　このような構成をとることによって、CPU との情報が通る信号線を1本にまとめられるため、回路構成が容易となる利点がある。

　電電くんの CPU としては当初、パソコンにも広く用いられているインテル（株）製の「Pentium」や、ワークステーションにも用いられている「SuperSPARC」を用いる計画もあった。

　しかし予算の関係や、制御のためのプログラム開発の容易さの観点から、これらよりも処理能力はかなり劣るが、安価で C 言語での開発環境が手元にあった「Z80」と呼ばれる素子を用いた。これは 20 年ほど前にはパソコンにも広く採用されていた実績があり、周辺の回路の設計が容易であるという長所もある。

　なお制御プログラムは、通常 ROM（ろむ、と読む）と呼ばれる記憶装置に格納するが、電電くんの開発は試行錯誤の繰り返しであるため、きわめて頻繁にプログラムの変更をおこなう必要があった。そこで従来（「電電くん1号」開発当時）は、紫外線を 15 分ほど与えることで記憶内容の消去が可能な UV-EPROM と呼ばれる種類の ROM を用いていたが、あまりに頻繁に書き換えるために 15 分という消去時間でさえ無視できなくなり、その後電気的に数秒で消去・書き込みが可能なフラッシュメモリと呼ばれる種類の ROM を採用した。「電電くん2号」開発当時、このフラッシュメモリは比較的高価（1個 1500 円）であったが、「電電くん3号」開発時には手頃な価格（1個 300 円）となったことは非常に懐にやさしく、ありがたい。

　さらに電電くんの頭の部分には、太陽電池（電電くんは地球にもやさしいのである）によって回転する「レーダ」と称する装置も取り付けられた。しかし、この「レーダ」の材料がコカコーラの空き缶であることは、開発スタッフ以外は誰も知らない。

　かくして電電くんは完成した（図 7-13）。

（電電くんの活躍やいかに！　172ページ）

第 7 章◎魔法の増幅器〜オペアンプ

図 7-13 電電くんの姿

第8章 トランジスタと論理回路

8.1. もう一つのトランジスタ

　前に第6章で、トランジスタというものを見てきました。これは、N型-P型-N型という半導体の3層構造をしていて、増幅回路などを作ることができる、という話でした。

　実は、世の中で「トランジスタ」と呼ばれるものにはもう一つあります。いや、ただ「トランジスタ」といったら、むしろいまから見ていくもののことを指すことの方が多いかもしれません。そんな「もう一つのトランジスタ」を見ていきましょう。

　トランジスタはシリコンの単結晶の中に作る、という話をしましたが、実際には図8-1のような薄い円板状のシリコンの単結晶の板を原料にして作ります。このようなシリコン単結晶の円板を**ウエハ**（wafer）といいますが、直径はだいたい CD と同じくらいか、もう少し大きいくらいで、厚さは1[mm]ぐらいです。この薄いシリコンの板の中に、図8-2のような構造を作ってみましょ

図8-1　シリコンのウエハ

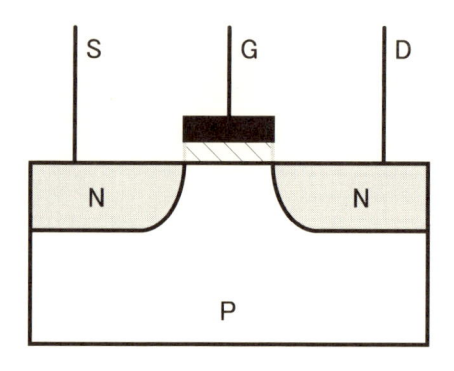

図 8-2　MOSトランジスタの構造

う。これは断面図で、上下方向がシリコンウエハの厚さの 1[mm] ぐらいです。

　この構造、まず P 型シリコンのウエハの中に、二つの離れた N 型の領域があります。そしてこの二つの N 型の領域には、S（source；ソース）、D（drain；ドレイン）という名前がついています。そしてこの二つの N 型の領域の間の上のあたりに、少し離れて電極があり、これには G（gate；ゲート）という名前がついています。

　G 電極には、最近はそうでもないのですが、昔は金属（metal）が使われていました。そしてこの G 電極とシリコンウエハとの間のすき間には、普通は**二酸化シリコン**（SiO_2；silicon dioxide または単に oxide）が入っています。この二酸化シリコン、ただ単に酸化物と呼ぶこともありますが、これはシリコンを酸化したもので（あたりまえ）、実のところ、ガラスと同じものなのですが、電流が非常に流れにくい絶縁体です。つまり、G 電極は、シリコンウエハやその中にある S 電極や D 電極とは電気的に分離されていて、電流はまったく流れません。

　さてこの図 8-2 の構造、上から順に金属（metal）・酸化膜（oxide）・半導体（semiconductor）という順番になっているので、これらの頭文字を順にとって、**MOSトランジスタ**（もすとらんじすた、と読む）と呼びます。

　次にこの MOS トランジスタが、どのような働きをするのかを見ていき

ましょう。MOSトランジスタも電子部品ですから、電圧をかけて電流を流して使います。まず図8-3のように、SとDの間に電圧V_0を、SとGの間に電圧V_gを加えてみましょう。そしてDに流れる電流I_Dを考えてみます。

まず、G（ゲート）に加える電圧V_gが0[V]の場合を考えてみましょう。そうすると、上にあるG電極はあってもなくても関係ないの

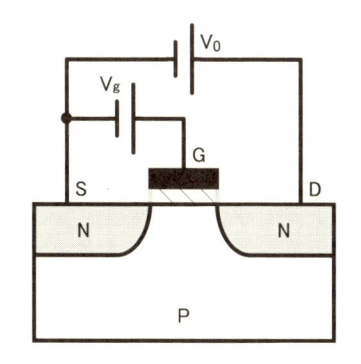

図8-3 MOSトランジスタに電圧を加えてみる

で、シリコンウエハの中だけを考えればよいわけです。そこで、S（ソース）とD（ドレイン）の間のところをよくよく見ると、左から順にN-P-Nという構造になっています。この順番、どこかで見たことがありませんか。そうです。普通の（MOSでない）トランジスタの構造そのものです。この構造は、第6章の図6-6で考えたように二つのダイオードが逆向きにつながったような構造と考えることができるため、SとDの間に電流は流れません。つまり$I_D=0$です。

これだけだと何も起こらずつまらないので、こんどはGに数[V]の正の電圧を加えてみましょう。すなわち、$V_g>0$とするわけです。SとDの二つのN型領域の間にある、G電極のすぐ下のところのP型領域のことを**チャネル**（channel）と呼びます。このあたり、もともとはP型半導体ですからホールがうじゃうじゃいるわけですが、実はほんの少しだけ自由電子がいます。ふだんはこのほんの少しだけいる自由電子は目立たないのですが、いまは状況が違います。つまり、G電極に正の電圧が加わっていますから、図8-4のように、マイナスの電荷を持った電子はG方向に引き寄せられ、プラスの電荷を持ったホールは遠ざけられてしまいます。ようするに、G電極のすぐ下のチャネルの部分では、電子が集まってきて数が多くなり、逆にホールは逃げていって数が少なくなってしまうわけです。

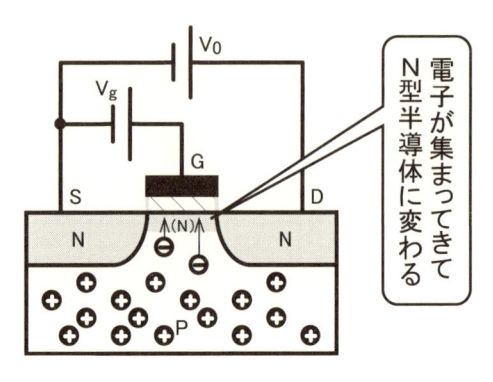

図8-4 MOSトランジスタのGにプラスの電圧を加えてみる

　これはよく考えると不思議な話で、ここだけ見れば、電子がたくさんあるわけですから、これはN型半導体です。もともとはP型半導体だったチャネルの部分が、Gに正の電圧を加えたことで電子が集まり、N型半導体に変わってしまったわけです。このような現象を**反転**（inversion）といいますが、こうしてチャネル部分がN型になってしまうと、当然、SとDがつながります。もともとN型だったSとDの領域に加えて、その間のチャネルもN型になってしまったので、この三つの領域がまとめて一つのN型の領域になってしまったわけです。こうして一つのN型になってしまえば、もうさきほどのようなN-Pというダイオードの構造がありませんから、電流が流れるのを妨げるものはありません。ようするに、このとき、SとDの間には、加えている電圧 V_0 に応じた電流 I_D が流れるわけです。
　以上をまとめると、こんな感じになります。

$V_g=0$ のとき：チャネルはP型のままなので、$I_D=0$
$V_g>0$ のとき：チャネルはN型に反転するので、$I_D>0$

　つまり、MOSトランジスタは、Gに正の電圧を加えるとS-D間に電流が流れ、加えないとS-D間に電流が流れない、ということになります。これはちょうど、**Gに加える電圧によってSとDの間のON/OFFを制御できるスイッチ**と見なすことができるわけです。普通のスイッチは、部屋の

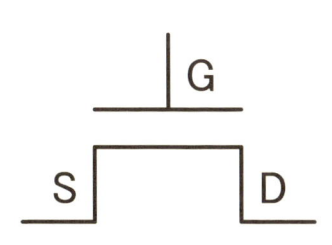

図 8-5　MOS トランジスタ
　　　の回路図記号

図 8-6　MOS トランジスタの実物

蛍光灯のスイッチのように手で ON/OFF を切り替えますが、この MOS トランジスタは、手を使わなくても、G に加える電圧 V_g だけで ON/OFF を切り替えられるわけです。

　この MOS トランジスタは、回路図を描くときは図 8-5 のような記号を使います。ちょうど S と D の間の上に少し離れて G がある、という MOS トランジスタの構造そのものですね。ちなみに、この MOS トランジスタも秋葉原などで売っていて、図 8-6 のようなものです。

　ちなみに、この MOS トランジスタは、G に電圧を加え、それがつくる電界によってチャネルを反転させることで ON になるわけですが、このような動作原理から**電界効果トランジスタ**（field effect transistor ; FET）と呼びます。つまり MOS トランジスタの正式名称は MOS 型電界効果トランジスタ（FET）、略して **MOSFET** といいます。

8.2. MOS トランジスタを作ってみる

　この MOS トランジスタを、実際に作る様子を見てみましょう。
　ずいぶん大がかりな装置をいろいろ使うのですが、ポイントの部分は次のような手順です。
　1. P 型のシリコンの基板（ウエハ）を用意する

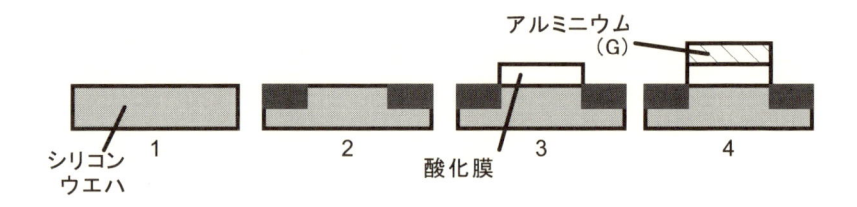

図8-7 MOSトランジスタの作り方のポイント

2. P型ウエハに、二つのN型の領域を作る
3. 薄い絶縁膜（酸化膜）をつける
4. G（ゲート）電極をつける

ふむふむ。

でもよく考えたら、例えば2.の「N型領域を作る」といっても、どうやって作るんでしょう？　まさか一つずつスポイトか何かでN型にするためのP（リン）などの不純物を注入するわけにいきませんよね。実際には、次の2-a.～2-f.のような手順をふみます。

2-a. 全面を絶縁膜（保護膜：実はSiO_2）で覆う
2-b. 全面に写真感光剤を塗る
2-c. 二つのN領域に相当する部分だけ光があたらないような**マスク**をかぶせ、露光する
2-d. 現像すると、二つのN領域に相当する部分（マスクがかかっている部分）だけ感光剤がなくなる
2-e. 絶縁膜を溶かすフッ酸に浸す処理（エッチング）をすると、二つのN領域に相当するところだけ、絶縁膜に穴があく
2-f. N型にするための不純物（リンなど）を含むガスの中で加熱すると、シリコン基板の絶縁膜で穴があいている部分に不純物が入り、その部分がN型になる（熱拡散）。またはリンなどの不純物をイオン（P^+など）にして電界で加速し、シリコン基板に打ち込む（イオン注入）。

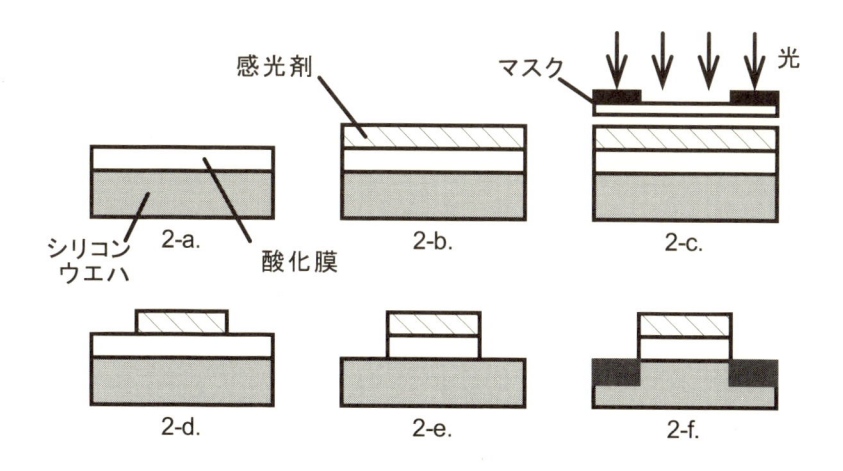

図8-8 MOSトランジスタの作り方

　なんだかややこしいことをいろいろしていますね。この手順のポイントは、感光剤を塗って光をあてている、というところです。つまり写真と同じ原理です。いまの場合、光があたったところの感光剤が変質して硬化するので、それ以外のところを溶かして現像し、残っている感光剤をバリヤのように使って、最初に全面につけた酸化膜の一部だけを溶かす、ということをしているわけです。同様に3.や4.のところでも、同じように感光剤を塗って…というような手順で加工をします。例えば3.では、全面に酸化膜をつけた後、必要なところの感光剤を残すようなマスクで露光し、フッ酸によるエッチングで不要な酸化膜（つまりG電極のすぐ下の部分以外のところ）を溶かして除去するわけです。

　ちょっとのことのように思えることでも、なんだかずいぶんまどろっこしいことをしていますね。でも、これには理由があります。というのも、これはMOSトランジスタを1個作るときの手順でしたが、別に2個作るのでもたいして変わりません。露光するときに使うマスクを、2個分印刷されたものに変えるだけです。酸化膜をつけたり感光剤をぬったり露光したり現像したりエッチングしたり、といったその他の一連の作業は、別に1個でも2個でも100万個でも変わりません。つまり、とてもたくさ

回路図の原版と IC チップ
(協力＝三菱電機)

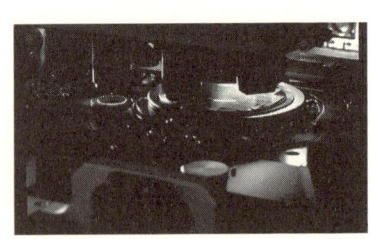

ウエハに回路パターンを焼きつける
(協力＝日本光学工業)

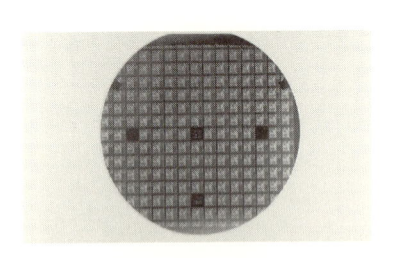

IC が作り込まれたウエハ
(協力＝三菱電機)

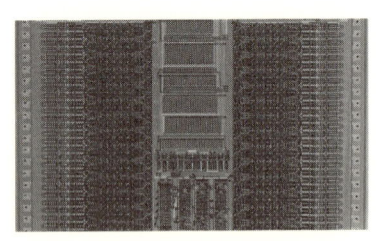

CMOS チップの拡大図
(協力＝服部セイコー)

図 8-9　IC の実際の製造工程

んの MOS トランジスタをまとめて作るときでも、手間はほとんど変わらないわけです。

　ちなみに、MOS トランジスタどうしをつなぐ配線の部分は普通アルミニウム（Al）を使いますが、これも、MOS トランジスタを作るときと同じようにマスクを作って露光し、エッチングを施すことで作ることができます。

　このように写真現像の原理を使った工程を**フォトリソグラフィ**といいますが、これを使うとたくさんの MOS トランジスタと、それをつなぐ配線を、同時に、しかもすべてシリコンのウエハの上に作ることができるわけです。ようするに、とてもややこしい大規模な電子回路を、シリコンのウエハの上にまとめて作ることができます。

　このように、シリコン基板の上に作られた回路を**集積回路**（integrated circuit；IC）と呼びますが、これはコンピュータをはじめとする電子機器の中心的な部品です。第1章で、いろいろな電子機器をばらしていましたが、その中に入っているごちゃごちゃした部品の黒い四角いやつは、ほとんどがこの集積回路です。この集積回路、中に入っている回路の規模が大きいものを特に LSI（large scale integration）といいますが、例えば図 8-10 のような形をしています。実はこの写真に写っているのは外の入れ物で、中には、まさにシリコンのウエハ（数[mm]四方に切

図 8-10　いろいろな IC

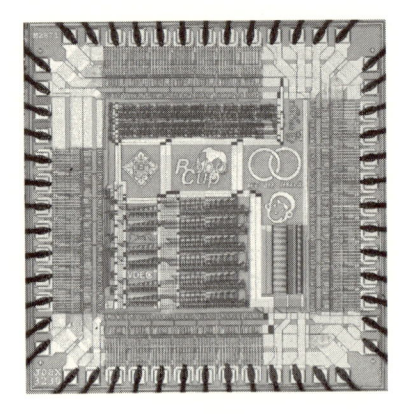

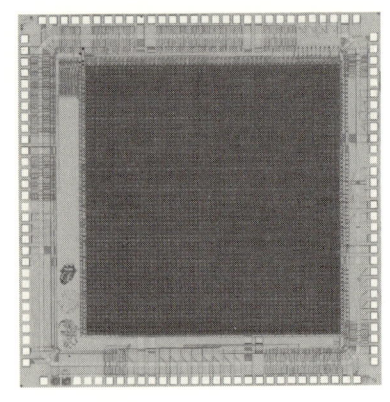

図 8-11　私が設計した IC の顕微鏡写真

り取られていますが）と、それの上にフォトリソグラフィによって作り込まれた回路が入っています。

図 8-11 は、私が実際に設計した LSI の顕微鏡写真です。大きさは 2〜4[mm] 四方ぐらいで、2,000〜100,000 個の MOS トランジスタと、それをつなぐ配線が作り込まれています。ちなみに、隅に描いてある絵はご愛嬌ということで。

8.3. もう一つの MOS トランジスタ

実はここまで見てきた MOS トランジスタは、正確には n チャネル MOS トランジスタ（nMOS トランジスタ）と呼びます。というのも、図 8-12 のように、N、P が逆になっている MOS トランジスタもあり、こちらは p チャネル MOS トランジスタ（pMOS トランジスタ）と呼びます。

pMOS トランジスタの動作は、nMOS トランジスタのときと同じように考えればよいわけです。詳しいことは省きますが、G 電極のすぐ下のチャネルが N 型ですから、G に負の電圧を加えたときにチャネルにホールが集まって P 型に反転し、S と D の間に電流が流れます。ようするに pMOS トランジスタは、G に負の電圧を加えると S と D 間に電流 I_D が流れ、加えないと S と D の間に電流が流れないという、やはり **G に加え**

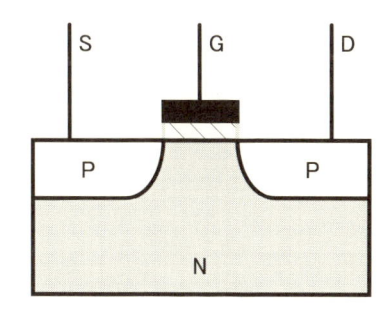

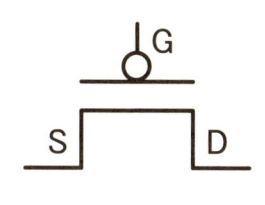

図 8-12　pMOS トランジスタの構造　　図 8-13　pMOS トランジスタの回路図記号

る電圧によってSとDの間のON/OFFを制御できるスイッチとなるわけです。

このpMOSトランジスタは、nMOSトランジスタと区別するために図8-13のような記号で描きます。

8.4. MOSトランジスタを使ってみる

この2種類のMOSトランジスタを使った回路を見ていきましょう。実はMOSトランジスタを使った回路というのは星の数ほどあるのですが、その中でもとても基本的だけどよく使われる、nMOSとpMOSを図8-14の一番上の図のようにつないだ回路を考えてみます。電池の電圧は5[V]とします。

この回路では、左側に加える電圧 V_i によって、次のように動作が変わります。

まず、V_i に高い電圧、例えば $V_i=5[V]$ を加えたとしましょう。MOSトランジスタはGに加える電圧によってON/OFFが変わるスイッチだ、ということを思い出してみると、まず上のpMOSトランジスタは、Gの電圧がSの電圧と等しいため $V_g=0$ となり、OFFとなります。そして下のnMOSトランジスタは、Gの電圧がSの電圧よりも高いため $V_g>0$ となり、ONになります。結局右側の V_o は、電池のマイナス極とつなが

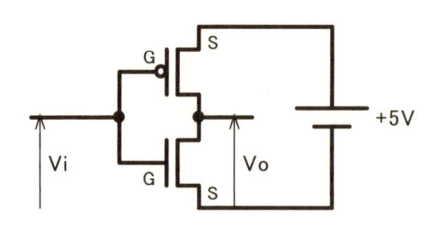

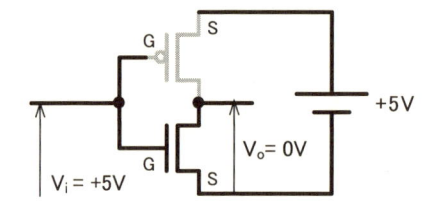

っていることになりますから、$V_o=0[\mathrm{V}]$となります。

次にV_iに低い電圧、例えば$V_i=0[\mathrm{V}]$を加えたとしてみましょう。するとさきほどとは逆のことが起こりますから、こんどは上のpMOSトランジスタがON、下のnMOSトランジスタがOFFになります。つまり右側のV_oは電池のプラス極とつながっているため$V_o=5[\mathrm{V}]$となります。

以上をまとめると、次のようになります。

- $V_i=0[\mathrm{V}] \to V_o=5[\mathrm{V}]$
- $V_i=5[\mathrm{V}] \to V_o=0[\mathrm{V}]$

ようするに、この回路では、$0[\mathrm{V}]$と$5[\mathrm{V}]$の2種類の電圧しか出てきません。そこで$5[\mathrm{V}]$のことを「1」、$0[\mathrm{V}]$のことを「0」というように数字の記号を割り当ててみましょう。そうすると、左の入力Iと右の出力Qの間の関係は次のようになります。

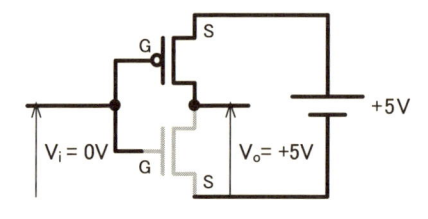

図8-14　2種類のMOSトランジスタを組み合わせた回路（インバータ）

- $I=0 \to Q=1$
- $I=1 \to Q=0$

入力と出力が逆の数字になっていますね。このような回路のことを**インバータ**（inverter）と呼び、図8-15のような記号を使いますが、これはコンピュータなどのディジタル回路を構成する、もっとも基本的な素子で

す。コンピュータの中のLSIの中には、このインバータがくさるほど入っています（もちろん目では見えませんが…）。ディジタル回路の詳しいことについては、本書の姉妹書『ゼロから学ぶ論理回路』（仮題）を参照して下さい。

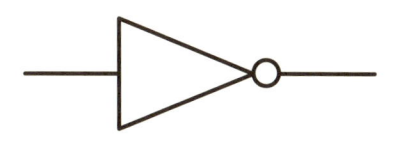

図 8-15　インバータの回路図記号

　さて、インバータの回路では、nMOSトランジスタとpMOSトランジスタを組み合わせて、常にどちらかだけがONとなっていて、出力V_oが電源の電池のプラス極かマイナス極のどちらかにだけつながっている、という状況になっています。こうして出力V_oは、数字としては「1」か「0」のどちらかになるわけです。このようにnMOSとpMOSを、どちらかだけがONになるようにうまく組み合わせた回路を**CMOS**(Complementary MOS) **回路**と呼びますが、コンピュータのCPUやメモリをはじめとしたLSIに入っているトランジスタのほとんどがMOSトランジスタで、その回路の構成は、ほとんどがこのCMOS回路です。つまり、現代社会を支えるエレクトロニクスのもっとも肝心なところというのはCMOS回路であるわけです。

8.5.　CMOS論理回路入門

　もう少し、CMOS回路を見てみましょう。さきほどのインバータは、ただ入力が反転して出力されるだけの回路でした。でもMOSトランジスタの数が多ければ、もっといろいろなことができそうな気がします。もう少しMOSトランジスタの数を増やしてみましょう。MOSトランジスタを4個使って、図8-16のような回路を作ってみました。pMOSトランジスタが2個、nMOSトランジスタが2個あります。そして1個ずつペアになって、入力電圧であるV_aとV_bにつながっています。V_aとV_bが、インバータのときと同じように＋5[V]と0[V]の2種類しかないとして、それぞれを「1」と「0」と表してみましょう。そうすると入力V_a

と V_b の組合せとしては4通りしかありません。

nMOSトランジスタは、ゲート電圧が「1」のときにONで、「0」のときにOFFとなるのでした。逆にpMOSトランジスタは、ゲート電圧が「1」のときにOFFで、「0」のときにONとなるのでした。これを使うと、各トランジスタのON/OFFは、それぞれ図8-17のようになります。図8-17の黒いトランジスタがON、灰色のトランジスタがOFF、という意味です。

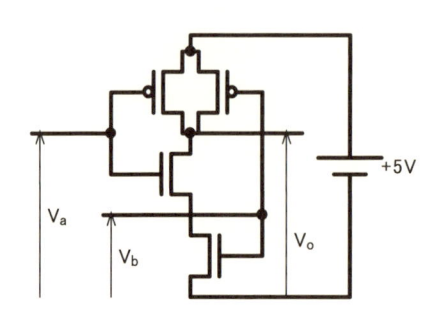

図 8-16　4つの MOS トランジスタからなる回路

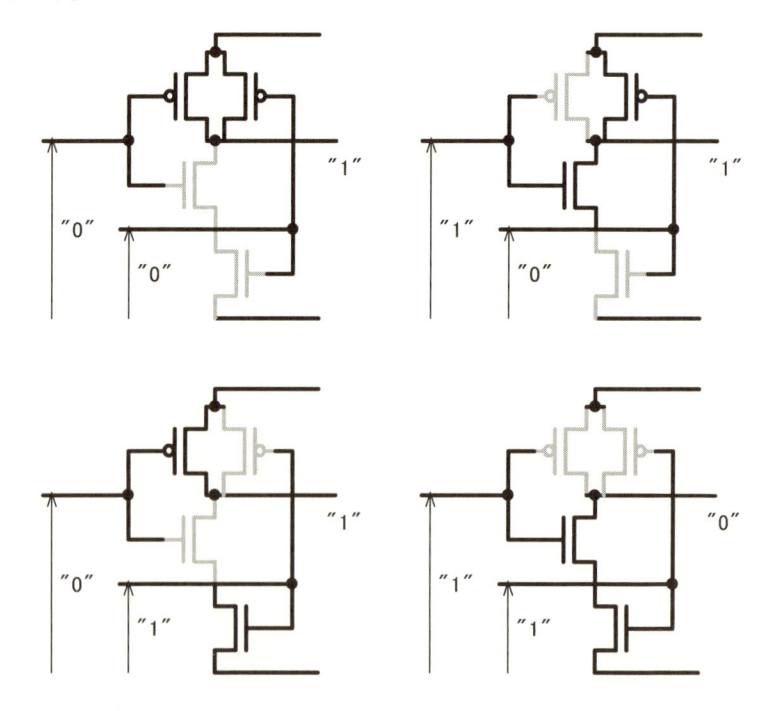

図 8-17　入力の4つのパターンに対応する MOS トランジスタの ON/OFF

右側の出力 V_o は、黒い ON になっているトランジスタを通して、＋5[V] と 0[V] のどちらにつながっているかによって「1」か「0」かが決まるわけですが、図 8-17 をよく見てみると、V_a と V_b が共に「1」の場合のみ、V_o が「0」となり、それ以外の場合は V_o は「1」となることがわかります。

例えば V_a が「1」で V_b が「0」となる図 8-17 の右上の場合は、右上の pMOS と中央上側の nMOS の二つが ON となります。しかし V_o は、中央下側の nMOS が OFF になっているため「0」とはなりません。その代わりに右上の pMOS でかろうじて「1」とつながっているため、結局 V_o は「1」となります。

よく見ると、図 8-17 のいずれの場合も、出力 V_o は、＋5[V] と 0[V] のどちらか一方だけにつながっていることがわかるでしょうか。このように、pMOS トランジスタと nMOS トランジスタの配置をうまく工夫することで、V_o は常にどちらかだけにつながっている、という状況をつくっているわけです。つまり、＋5[V] と 0[V] の両方につながっている状況や、どちらにもつながっていない状況はありえません。このような nMOS と pMOS の配置を**相補的**（complementary）である、と呼びますが、これが CMOS 回路のミソでもあります。

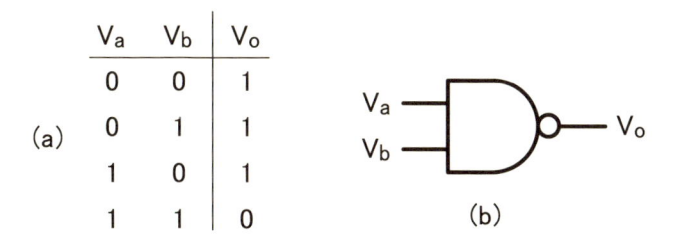

(a)

V_a	V_b	V_o
0	0	1
0	1	1
1	0	1
1	1	0

図 8-18　(a) NAND ゲートの入力と出力の関係　(b) その記号

以上の結果から、入力と出力の関係をまとめると図 8-18（a）のようになります。つまり、二つの入力が共に「1」の場合のみ出力が「0」となり、それ以外は出力が「1」となるわけです。このような回路を **NAND ゲート**と呼び、図 8-18（b）のような記号を使います。この NAND ゲー

トも、インバータとおなじようにコンピュータなどのディジタル回路を構成する上での非常に基本的で重要な回路の一つです。

ビール運びロボット"電電くん"（その6）

電電くんの動作結果

　五月祭は平成6年5月28日と29日の両日に本郷で開かれた。その中の「電電でポン！」は電子工学科のある「工学部3号館」前で展示発表された。

　初日は非常に天気が良く、そのため、コップが置いてあっても光センサが反応してしまってコップの検出が不可能となったが、制御プログラムの一部を変更することで対応した。また、工学部3号館前の路面は比較的凹凸しており、電電くんは直進しているつもりでも実際には微妙に右または左に曲がっていってしまうことが多く、直進は困難であった（実はDCモータの制御精度を高める必要はなかったわけである）。さらに、超音波センサの発信器が発信したばかりの超音波を、障害物で反射しなくても受信器が受信してしまうことがあり、何も障害物のないところで突然電電くんが立ち止まって警告を発する、という光景が何度か見られた。また、気温の上昇によって発信器と受信器の特性が微妙に変化してしまって誤動作する現象も見られた。

　以上のような外界の変化による予期しない影響のため、電電くんの発表展示時には多くの誤動作が起こった。悪いことに、工学部3号館が本郷キャンパスの端の方に位置するという立地的な条件のためか客足が伸びず、電電くんが運んだビールの量もあまり多くなかった。しかしこの「知的でチャーミングなウエイトレスロボット」がビールをぎこちなく運ぶ姿は、多くの人に夢と感動を与えたに違いない（図8-19）。

結論、考察および今後の展望

　なにはともあれ、電電くんは動いた。

　思えば、われわれが学部3年生のときの動かなかった「学習ロボット（別名"学習しないロボット"）」という企画が、この「電電くんプロジェ

クト」の始まりであった。それから丸3年、よく動いてくれた、というのが正直な感想である。

　設計図の上での設計のときには予期できないような事態も多く発生し、「実際にものを動かす」ということの難しさを改めて痛感した。しかし逆に、「実際にものが動いた」という、作った者にしか味わえない感動を得たのも事実である。

図 8-19　当日の電電くん

　人間の心理としては、「動くはず」と信じて設計しても、いざ回路が完成して電源を入れるとなると、早く電源を入れて動作確認をしたい、というはやる気持ちと同時に、できれば電源を入れたくない、入れて動かないところを見たくない、というジレンマに陥る。しかし、ついに覚悟を決める。目をそらしながら電源スイッチを入れる。モータがうなりをあげて回る。

　ウィーン。

　まさに感無量である。たとえそれが予期しない動作であったとしても。様々な能力、考えを持つ人が、同一の目標に向かって動くということは容易なことではない。しかし、それが現実のものとなったときの力の大きさというものは計り知れないものがある。

　技術的に見ると、電電くんには改良すべき点は多くある。駆動系の精度向上、障害物検知の精度向上、制御プログラムの改良、CPU 能力の向上などなど、挙げればきりがない。しかし、欲を出せばきりがないのも事実である。

　「電電くんプロジェクト」の開発スタッフの主なメンバーが修士課程を卒業して電子工学科を去った今、電電くんは本郷キャンパスの端にある、工学部3号館の5階屋根裏にある物置で、ひっそりと余生を送っている。いつかまた、ビールを運ぶ日を夢見ながら。　　　　　　　（おしまい）

第9章 半導体の社会学と経済学

この本の最後の章になりました。

ここまでは、電子回路を理解する上でのいろいろな式や回路を見てきました。最後のこの章ではちょっと趣向を変えて、半導体という現代社会を支えるキーテクノロジが、現代社会に対してどのような影響を及ぼしているのか、という側面を考えてみましょう。

あなたがもし技術者として電子回路やコンピュータを作ったり使ったりしていくのだとしたら、これからの世の中では、このような側面を考えていくことは非常に重要です。「技術者だから社会のことはわからない」というのは許されないのです。ぜひ、電子回路やコンピュータが、社会に対してどのような影響を及ぼしているのかを考えながら作ったり使っていけるような、そういうあなたなりの視点を、ぜひ見つけてください。

9.1. コンピュータの進歩の歴史

私たちの身の回りには、ずいぶんとたくさんの電子機器があります。パソコンに携帯電話、などなど、挙げたらきりがありません。特にここ数年、パソコンや携帯電話といったいわゆる情報機器が、その可否はともかくとして、私たちの生活の中に広く深く浸透してきました。

さて、このような情報機器がここまで広く普及した理由の一つに、「どんどん性能があがっていく」ということがあるのではないかと思います。

つまり、ちょっと待てば、高性能なパソコンや高機能で小型の携帯電話が発売される、ということが、ずっと続いています。または性能が同じ製品であれば、どんどん安くなってきています。つまり、パソコンや携帯電話などの情報機器の普及を支えている要因は、**継続的な性能向上と価格低下**がキーワードといえます。

私たち消費者にとっては、このような傾向はうれしいものですが、どうしてこんなことが可能なのでしょうか？ メーカの企業努力で性能向上や価格低下が達成されているだけなのでしょうか？

実は、これらの電子機器の継続的な性能向上と価格低下は、それらのもっとも中心的な構成部品である半導体、更に言うと集積回路の進歩と、非常に深く関係しています。それを考えてみましょう。

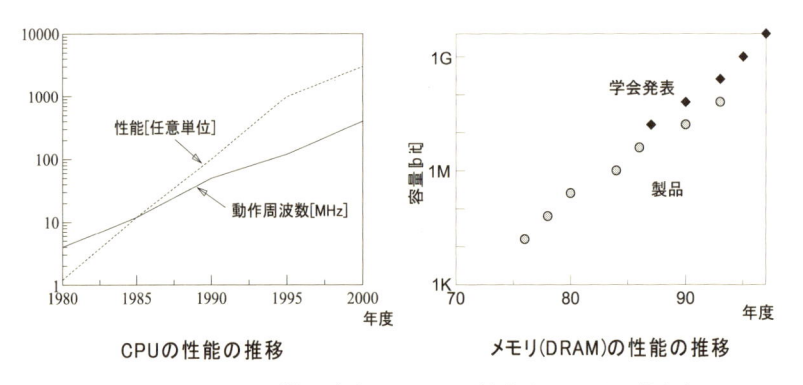

CPUの性能の推移　　　　メモリ(DRAM)の性能の推移

図 9-1　パソコンの頭脳にあたる CPU の性能やメモリに使われる DRAM の容量の推移

図 9-1 は、パソコンのメモリ（記憶装置）にあたる DRAM（Dynamic Random Access Memory）と呼ばれる 1 個の集積回路の半導体部品に記憶できるデータの量と、同じくパソコンの頭脳ともいえる CPU（Central Processing Unit）と呼ばれる 1 個の集積回路の半導体部品の処理性能がどのように変わってきたかを示しています。このグラフには 30 年にわたる推移が示されていますが、よく観察すると、次のような特徴があることが見てとれます。

- 性能の進歩の度合いが急速（指数関数的）
- その進歩が30年来継続している

つまり、DRAMもCPUも、ほぼ30年の間、ずっと性能が向上しつづけているわけです。

産業とはそういうものか、という気がしないでもないですが、これほどまでの急速な進歩がこれほど長期にわたって続くことは、半導体産業以外の他の産業ではほとんど見られない、非常に珍しい特徴です。

例えば、もう一つの大きな産業である「自動車産業」を考えてみましょう。その製品である自動車の性能というのはいろいろあると思いますが、例えば自動車の速度や燃費を、自動車の「性能」と考えてみましょう。

自動車の速度は、たしかに多少は速くなっているとは思いますが、さすがに2倍や3倍とはいきません。また燃費にしても、地道な改良や、ハイブリッド車といった新技術の登場で多少はよくなっているでしょうが、こちらもさすがに2倍や3倍とは、なかなかいきません。つまり自動車の「性能」は、半導体のように30年間ずっと毎年2倍近いペースでのびてきている、ということは残念ながらありえません。自動車以外の産業でも状況は似たようなものです。つまり半導体産業が特殊なんですね。

では、どうして半導体産業だけ、こうも特殊なんでしょう？

9.2. 半導体市場を解くキーワード〜機能単価

このような半導体産業の特殊性を理解するために、製品の**機能単価**というものを考えてみましょう。機能単価というのは「単位機能あたりの価格」のことです。つまり、製品を買う消費者が、ある金額でどの程度の性能のものを買うことができるか、あるいは、ある性能のものを買うためにはどれくらい払う必要があるかを表すものです。

実は半導体産業では、この機能単価は劇的に低減しています。例えば、コンピュータのメモリに使われるDRAMの性能を、記憶できるデータの量と考えてみましょう。DRAMの記憶容量は、一つの1か0を記憶する

64Mビット
1000円
15.6円/Mビット

256Mビット
1200円
4.7円/Mビット

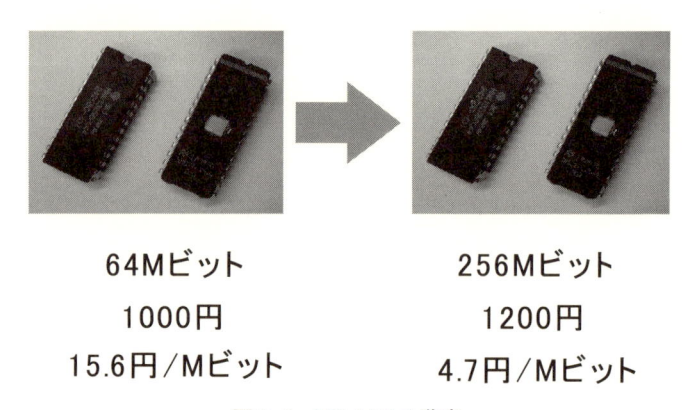

図 9-2　DRAM の進歩

ビット (bit) という単位を使って表しますが、あるとき 64M ビット (64×10^6 ビット) で 1000 円で売っていた製品が、数年後には容量が 4 倍 (つまり「性能」が 4 倍) の 256M ビットのものがちょっとだけ高い 1200 円で売られていたりします。この場合、DRAM の「単位容量あたりの価格」を機能単価と考えてみましょう。すると最初は 15.6 円/1M ビットだったものが、次の製品では 1200 円/256M ビット、つまり 4.7 円/1M ビットと、およそ 1/3 になってしまっています。つまり次の製品では、同じ性能のものを買うなら値段は 1/3、または同じ値段なら 3 倍の性能のものを買うことができる、というわけです。これは恐ろしいほどの値下がりです。

　ちなみにパソコンのメモリの容量などを表すときにはバイト (byte) という単位がよく使われますが、1 バイト＝8 ビットのことです。つまり、64M ビットの DRAM 1 個で、64M÷8＝8M バイト、ということになります。例えばパソコン用の 128M バイトのメモリモジュールを作るためには、64M ビットの DRAM ならば 16 個、256M ビットの DRAM なら 4 個、ということになります。

　他にも例えばパソコンの頭脳ともいえる CPU でも、あるとき 500[MHz] で動作する製品が売っていたとしても、数年度には値段がほぼ同じで 1[GHz]、つまり 1000[MHz] で動作するものが売っていたり

PentiumIII 500MH
40,000円
80円/MHz

PentiumIII 1GHz
40,000円
40円/MHz

図9-3　CPUの進歩

します。この場合、CPUの動作周波数を処理性能と考え、「ある性能あたりの単価」を機能単価と考えてみれば、機能単価は1/2となっていることになります。これも恐ろしいほどの値下がりです。

　しかもちょっと不思議なのは、細かいことは後で出てきますが、これだけの値下がりが起こっていても、半導体を作っているメーカにとっての利益はほとんど減らないようにできていることです。私たち消費者にとっては、同じ価格で良いものが、または同じものなら安い価格で買うことができるわけですから、うれしい話です。このような機能単価の低減は、メーカと消費者の両方にとって利益となります。

　しかし他の産業では、このような機能単価の劇的な減少はほとんど見られません。例えば自動車の性能を最高速度と考え、「機能単価」を「単位最高速度あたりの価格」と考えてみると、実はこの機能単価は、ほとんど変わっていません。というのも、自動車の価格は、新車ではそれほど急に安くなるものではありませんし、そもそも自動車の最高速度も、公道の速度制限もありますし運転の安全性の問題もあって、例えば急に500[km/h]になる、というものではありません。つまり自動車の機能単価は、それほど急に下がる、というものではないのです。

　他にも例えばテレビの機能単価を「単位画面サイズあたりの価格」で考えてみましょう。確かに、売っているテレビの画面のサイズは次第に大き

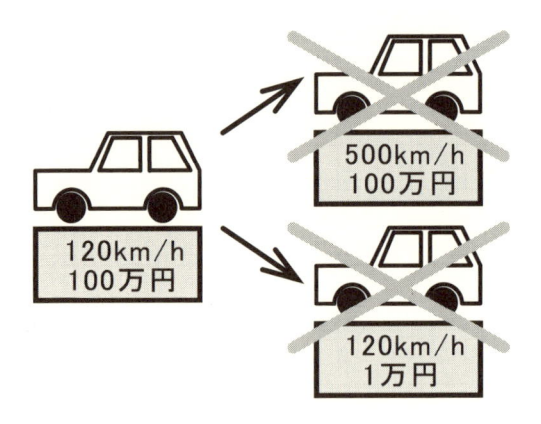

図 9-4　クルマの進歩？

くなっているかもしれませんが、それにあわせて価格も高くなっていますから、結局機能単価はほとんど変化していません。

　そもそもこれらの半導体以外の産業では、製品の価格自体がそれほど安くはなっていません。性能が同じでも、新車の自動車が1万円で売っていることはありませんし、新品のテレビが1000円で売っていることも考えられません。仮に多少安くなっている場合でも、それはメーカが工場の海外移転などの合理化という企業努力によるものであり、消費者にとってはうれしいことですが、メーカにとっては、直接の利益とはいえません。

　しかし半導体産業では、製品の価格はそれほど変わらなくても、性能が急速に高くなっているために機能単価が急速に減少していくわけです。これも、半導体産業の特徴の一つです。

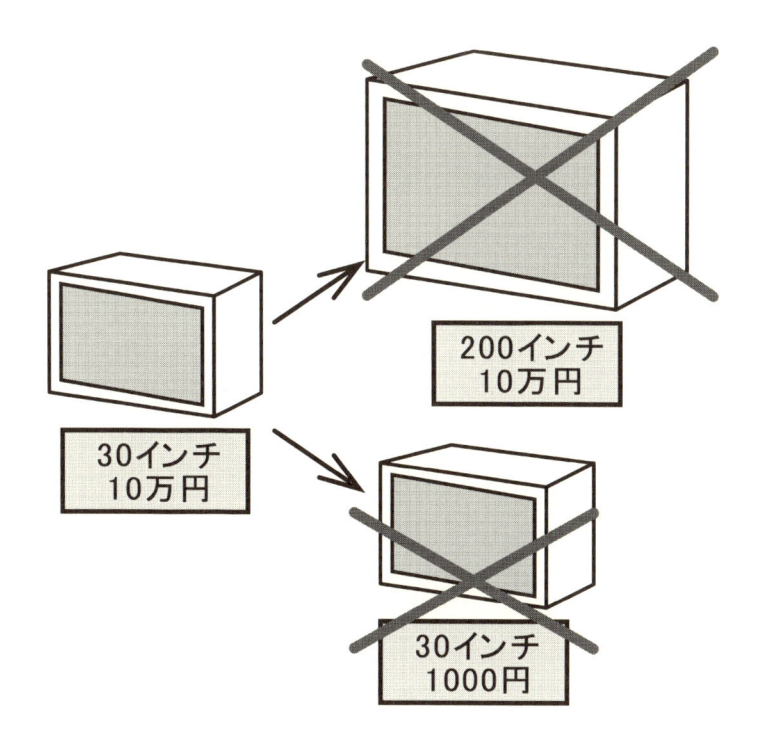

図 9-5　テレビの進歩？

9.3.　半導体市場を解くキーワード〜機能飢餓

　半導体産業を理解する上で、もう一つ重要なキーワードがあります。それは、性能に対する消費者のニーズです。
　半導体以外の産業では、仮に製品の「性能」が劇的に向上したとしても、それが普及するとは限らない、という点に注意する必要があります。例えば自動車の最高速度が 2 倍以上の 500[km/h] のものが値段はほぼ変わらずに発売されたとして、あなたはこれを買いますか？　スピードマニアの方なら買うかもしれませんが、ヒット商品となるとは、ちょっと考えられません。だいたい 500[km/h] の自動車なんて、怖くて運転できませ

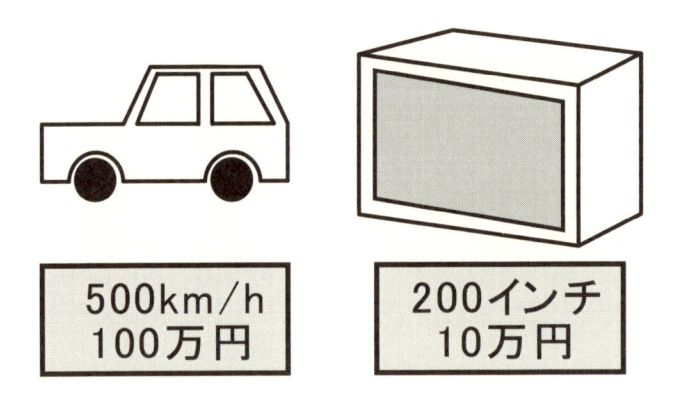

500km/h 100万円　　200インチ 10万円

図9-6　あなたは買いますか？

ん。というか、そもそも公道を走ったらスピード違反で一発免停です。

　例えばテレビで、画面サイズが2倍以上の200インチのものが値段はほぼ変わらずに発売されたとして、あなたはこれを買いますか？　よほど広い部屋をお持ちの方はともかくとして、ふつうの人なら、こんな大きなテレビは置くところがありませんし、仮に置けても首が疲れてしょうがないでしょう。つまりこれも、それほどヒット商品となるとは考えられません。

　いっぽう、半導体産業では、価格があまり変わらずに性能が2倍になるということが、前に見たようによくあることなのですが、それに加えて、その性能が2倍のものがいっせいに普及するという特徴があります。つまり値段が同じで性能が2倍のCPUが発売されれば、ほとんどの人がこの新しい製品を買うようになるのです。DRAMでも同様のことがいえます。

　これはパソコンをよく使っている人なら、なんとなくわかるかもしれません。値段が同じで、CPUの速度や搭載メモリが2倍のパソコンが発売になったら、ほとんどの人はそちらの製品を買うようになるでしょう。というのも、いまのパソコンのCPU速度やメモリ搭載量がなんとなく足りないと感じていて、もう少しいいものがほしいなあ、と、みんながなんとなく思っているからです。

　このように、消費者が慢性的に高機能なものを求めている状態を**機能飢**

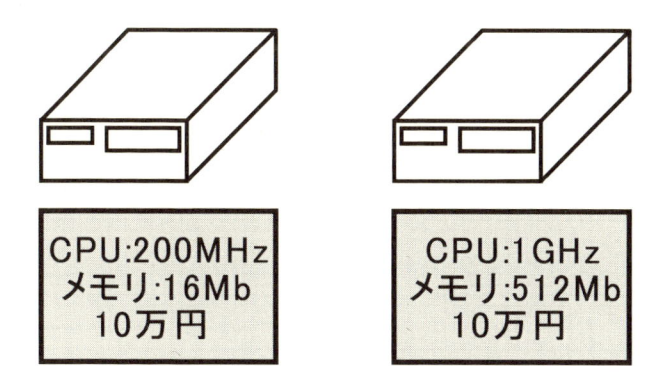

```
     ┌──────────────┐        ┌──────────────┐
     │ CPU:200MHz   │        │ CPU:1GHz     │
     │ メモリ:16Mb   │        │ メモリ:512Mb │
     │ 10万円       │        │ 10万円       │
     └──────────────┘        └──────────────┘
```

図9-7　あなたはどちらを買いますか？

餓の状態と呼びます。前に考えた自動車やテレビでは、消費者が現状よりも高性能なものを常にほしいと思っているわけでもないので、これらの市場は機能飢餓の状態にはないわけです。

以上で考えてきたように、半導体産業には以下のような構図があることがわかります。

- 市場が「機能飢餓の状態」にある
- 製品の性能が継続的に急速に向上している
- その結果の継続的な機能単価の減少が、機能飢餓に応えている
- このような変化が、メーカと利用者のともに利益がある

これは他の産業には見られない、半導体産業に非常に特徴的なものです。では、どうして半導体産業だけ、このような特徴があるのでしょうか？

9.4. 産業のコメ？

ちょっと話を横道にそらしましょう。半導体産業は、以前は「産業のコメ」と呼ばれたころもあります。

一昔前だと、半導体産業の一番の稼ぎ頭といえばメモリのDRAMでした。このDRAM、1か0のデータをたくさん記憶するわけですが、一つ

のデータを記憶する 1 ビットのための回路には、MOS トランジスタが 1 個必要です。

ちょっと古いデータになりますが、1994 年に日本の半導体メーカが生産した DRAM の総容量、つまり DRAM 1 個あたりの容量に DRAM の出荷個数を掛けたものは、およそ 7.5×10^{15} ビットだった、という統計があります。ようするに、この年の日本では、DRAM だけで 7.5×10^{15} 個の MOS トランジスタが生産されたわけです。この MOS トランジスタの数は、「産業のコメ」の米粒の数とでもいえるのですが、はたして世界では何粒ぐらいの米粒が生産・消費されていたのでしょうか。

かなり大雑把な計算をしてみましょう。茶碗 1 杯のごはんに入っている米粒の数は、約 2000 粒という研究があるそうです。ちょっと無理があるかもしれませんが、世界中のすべての人が、1 日 3 食、この茶碗 1 杯のごはんを毎日食べているとしましょう。すると、これで消費される「米粒」の数は次のように求められます。

$$2000[粒] \times (5 \times 10^9[人]) \times 3[食] \times 365[日] = 10^{16}[粒] \quad (9\text{-}1)$$

これは、1994 年に日本で生産された「産業のコメ」の米粒とほぼ同じ数です。まあ、MOS トランジスタは「産業のコメ粒」というところでしょうか。

9.5. 半導体市場を解くキーワード〜スケーリング

さて余談はこれぐらいにしておいて、ここまでいろいろ見てきた半導体産業の特異性、これの理由を考えてみましょう。非常に特殊な半導体産業の特性は、どのような要因で生まれるのでしょうか？　またこれを支えるものは何でしょう？

第 8 章で見てきたように、現代社会を支える電子機器の心臓部ともいえる電子部品は集積回路、特に LSI というもので、それの中の最も基本的な構成要素は MOS トランジスタでした。この MOS トランジスタを作るフォトリソグラフィなどの製造技術は年々進歩していて、「作ることがで

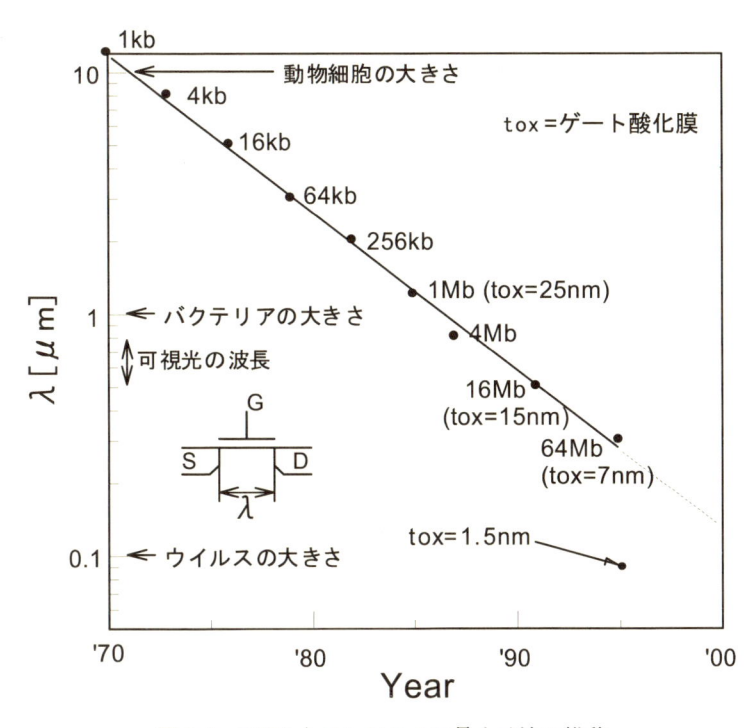

図9-8 MOSトランジスタの最小寸法の推移

きるMOSトランジスタの大きさ」は、図9-8のようにどんどん小さくなってきています。

　では、MOSトランジスタを「小さく」作るとどのような利点があるのでしょうか？　MOSトランジスタを小さくしたときの効果のことを**スケーリング**（scaling）**則**と呼びますが、仮にMOSトランジスタや回路をつなぐ金属配線の大きさを $1/k$ 倍に小さくして、同時に回路につなぐ電源の電圧を $1/k$ 倍に低くしたとしてみましょう。なお、$k > 1$ です。

　細かい理由はここでは省略しますが、いろいろ計算をしてみると、実は次のような効果があることが導かれます。

- 信号が伝わる時間（遅延時間）＝ $1/k$ 倍

　電子が移動するチャネルの長さ L が短くなるため、遅延時間は減少、

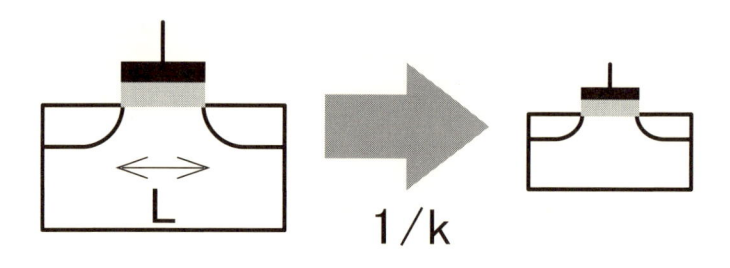

図9-9　MOSトランジスタのスケーリング

つまり**高速化**につながる
- 集積度（単位面積あたりの素子数）＝ k^2 倍
1個のMOSトランジスタの占める面積が小さくなるため、集積度は向上、つまり**高集積化**につながる
- 回路の消費電力＝ $1/k^2$ 倍
回路の電圧・電流が減少するため、消費電力は減少、つまり**省電力化**につながる

すなわちMOSトランジスタを小さくすると、パソコンをはじめとする電子機器の構成部品であるLSIは、速度が速く、性能は高く、消費電力は少なくなることになります。より高性能で消費電力が少なくなるわけですから、結果としてそれを主に使って作られるパソコンや携帯電話といった電子機器の性能の向上に直結します。つまりMOSトランジスタを小さく作れば小さく作るほど利点が大きいわけです。そのため、半導体メーカは「いかに小さいMOSトランジスタを作るか」という微細加工技術の開発を進めていて、その努力はほとんど異常な執着ともいえそうなものです。これが「製品の性能向上が30年来継続している」という半導体産業の特異性の理由です。

ちなみにLSIの価格は、回路が載っているシリコンのチップ面積でほとんど決まります。スケーリングによって単位面積あたりのMOSトランジスタ数が増えるということは、同一機能をつくるためのチップ面積が減る（＝価格が下がる）、あるいは同一チップ面積（＝同一価格）に載せられる

図 9-10　スケーリングの効能

機能が増えることになります。これが「性能向上が、メーカと消費者の両者に利益がある」という半導体産業の特異性の理由です。

つまり先に見たような半導体産業の特異性を支えているのは、MOS トランジスタの微細化、すなわちスケーリングであるわけです。このように MOS トランジスタをどんどん小さくしていくことで、継続的に性能向上と機能単価の低減を実現してきました。

でもちょっと考えてみてください。いったいいつまで、こんなことが続くのでしょう？　これについてはいろいろなところで検討がされていて、だいたい S と D が間が $0.005\mu m$ 程度、つまりシリコン原子の 10 個分程度の距離になるまでは、なんとか正しく動作する MOS トランジスタを作ることができそうだ、というめどはたっているようです。ちなみに現在の量産品ではこの距離は $0.15\mu m$ ぐらいですから、まだしばらくは大丈夫のようですね。

9.6.　半導体産業と現代社会

LSI にとっての 20 世紀

半導体産業あるいは LSI にとっての 20 世紀というのは、MOS トランジスタの継続的な性能向上と、それに伴う機能単価の低減という、他の産

業にはない特異性を武器に進歩してきました。これまでの研究によれば、このままの延長でも、現在の性能の10倍か20倍ぐらいまではなんとかなりそうな雰囲気です。ちなみに「あと30年」といわれつづけて30年たっているものが世の中には三つあります。それは石油の枯渇、核融合の実用化、そして集積回路の性能向上の限界です。最初の二つは、たしかにまだ訪れていませんが、最後のLSIの性能向上は、あと30年、というのはさすがに無理かもしれません。

「スケーリング則」に基づくMOSトランジスタの微細化が、現在までの驚異的なコンピュータの進歩と、社会への電子機器の普及を支えてきたのは間違いありません。そもそも、コンピュータというもの自体は、昔から理論的上の可能性を示されていて、実際に、真空管を使って実現されたことはあっても、とても気軽に個人で使うことなど不可能であったわけですが、LSIの発明とその進歩によって小型化・低価格化されて個人でも気軽に使うことができるパソコン (Personal Computer；PC) を可能にし、1年たったら時代遅れといわれるほどの急速な高性能化を可能にしてきました。

　このようなコンピュータの普及は事務作業の効率化 (OA：Office Automation) や工場での生産工程の効率化 (FA：Factory Automation)、金融市場や経済構造の高度化をうながしました。さらにLSIは、元々は米国の軍事技術から生まれたインターネットをはじめとする通信技術を急速に進歩させ、まさに地球上のどこでも自由にコミュニケーションをとることができるグローバル化を推し進めていきました。

　そしてこのLSIは、わたしたちの生活の中のもっと身近な部分にも入りこんできています。冷蔵庫が喋るようになったのもそうでしょうし、コンピュータがPCとして一人1台というほどまで普及してきて、「インターネットする」という言葉が、それが正しい言葉かどうかは別としても市民権を得てしまったことや、CDやMDなどの音楽メディア、衛星放送やデジタル放送などのテレビの進歩もそうでしょうし、一部で社会問題にもなるほどの携帯電話の急速な普及と、軽量化・カラー液晶などの高性能化も身近な影響でしょう。

LSIにとっての21世紀

誕生からわずか30年で、わたしたちの生活や社会にこれほどまでの影響を与えてきたLSIですが、21世紀になった今、どのような方向を目指すのでしょうか。

研究レベルでは、全く違う新しい原理で動作するDNAコンピュータや量子コンピュータといった全く新しい動作原理に基づくコンピュータも研究されています。

しかしLSIの世界における世界的な研究の大きな流れとしては、現状のコンピュータをより速くしたり電池の持ち時間をより長くするための、LSIの更なる高速化・低消費電力化というのが一つのキーワードになっています。例えば、携帯電話の電池がもっと長持ちするようにしたり、動画が送れたりするようにしたりとか、ノートパソコンの電池が長持ちになったり、あまり底が熱くならなかったり、3DのCGなんかもぐりぐり動かせるようになったり、という研究です。つまり、わたしたちの生活や社会に普及してきた電子機器をより高性能に、という方向で研究が進んできています。

これを実現するための一つの重要なアイデアが、システムLSIと呼ばれるものです。

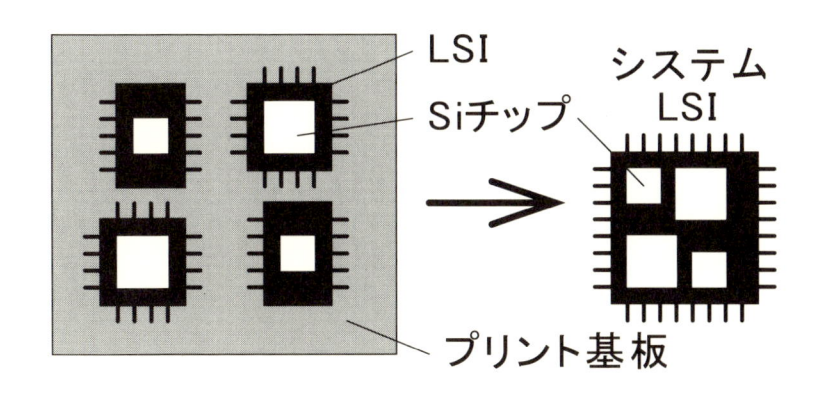

図9-11　システムLSI

電子機器を作るときは、構成要素ごとにいくつかのLSIをプリント基板の上に半田付けして組み立てますが、LSIの微細加工技術が進んだことで一つのLSIの中に非常に多くの電子回路を組み入れることが可能になったため、いままで別々のLSIに作った上でプリント基板の上に集めていたものを、一つのLSIの中に入れてしまおう、というものです。ただし、このシステムLSIは、新しい製品を開発するたびに新たに非常に複雑なLSIを作り直さなければならず、設計のための労力が問題になります。そこでより効率よく短期間でLSIの開発ができるような設計システム（CAD：Computer Aided Design）の進歩と表裏一体の技術です。

しかし徐々にとはいえ、コンピュータとしての研究の対象がDNAコンピュータや量子コンピュータといった新しい計算原理へ移りつつあるのは、ある意味「コンピュータ」が枯れた、あたりまえの技術になりつつあることの証拠、ともいえます。

例えば、最近のパソコンは、いくら安いものでも普通に使っている分にはそれほど不都合を感じることはほとんどなくなってきました。つまり、これまでは半導体市場の進歩を支える要因の一つであった、「コンピュータにおける性能」というものに対する「機能飢餓」が薄れてきた、といえそうです。

コンピュータなどの電子機器がこれだけあたりまえのものになってしまうと、それが社会に及ぼす影響、あるいは使う人のモラル、というものも無視はできません。あえて大上段に言うと、いまの調子でわたしたちの生活や社会に影響を与えつづけて、わたしたちは幸せになれるのかは、少々疑問です。

例えば電車の中での携帯電話の使用の規制がされるようになったのは最近のことですし、また携帯電話のメールがつくりだす新しい人と人とのつながりの形態が、それまでは考えもしなかったような社会問題を起こすこともしばしばあります。また、子供のころからコンピュータを使うことが、子供の成長にどのような影響を及ぼすのか、ということが考えられるようになったのは、それほど昔のことではありません。ファミコンが普及したときはゲームの世界と現実とが区別できない子供たちというのが社会

問題になったりしましたし、携帯電話が普及した現在では絶えずコミュニケーションをとっていないと不安でたまらない若者が社会問題になったりしています（社会問題という意味では、携帯電話を使い始めたばかりで珍しがって、電車の中ででも大声で話をする大人の方がやっかいかもしれませんが）。

　また、携帯電話によるメールが身近になったことで、どこかの深夜番組でやっていましたが彼氏の浮気を調査するためにわざと偽名でメールを送ってみるというようなことをしたり、いっしょに面と向かって食事をしていてもお互いが他の人とメールや電話でコミュニケーションをしている、ということが日常的になりつつある現在ですが、使っている人たちは幸せになったのでしょうか？　携帯電話で動画を送れるようになると幸せになれるのでしょうか？

　これは個人の価値観や、時代と共に変わる社会観念に深く関係するので一概には言えないでしょう。しかし LSI の進歩がこれらのことや、さらに進んだことを可能にしつつあるのは事実です。

　昔であれば、LSI の研究者はただ自分の好きなものを作っていてもよかったのでしょう。しかし 21 世紀の LSI の研究者は、自分たちが作っている（あるいは作ろうとしている）ものが社会的にそれほどまでの大きな影響を及ぼす可能性があるということを深く自覚しなければならないでしょう。がしかし、学会などで彼らの話を聞いていると、携帯電話でこんなことができるようになる、とか、ただそういう理想を追いつづけているように思えてなりません。

　もちろん科学技術に携わる者として、夢を追うことは忘れてはなりません。しかし LSI の研究者は、自分たちのやろうとしていることの影響力の大きさを自覚し、広い意味での人類の幸せを意識しながら研究をしていかなければならないのではないでしょうか（核分裂反応を発見したアインシュタインらの科学者が、それが原子爆弾に利用されたときに抗議行動を起こしたのはまだたった 60 年前のことです）。

　LSI にとっての 21 世紀は、あれが生まれたことで人類が不幸になった、なんてことを言われないように、本当の意味で人類の幸せに貢献できる世

紀になってほしいものです。そして、これらを開発・研究する技術者・研究者は、ただ単に性能の向上を求めるだけではいけません。自分自身がつくりだすものが、社会にとってどのような影響を及ぼすのか、しっかりと考えながら技術の進歩が進んでいってほしいと切に思います。

　ぜひ、みなさんは、社会の中でのコンピュータやエレクトロニクス、という視点を忘れずにいてください。

索　引

記号・英字

A（アンペア）　14
A（アノード）　107
AC　33
arg　35
B（ベース）　115
C（クーロン）　38
C（コレクタ）　115
CMOS回路　169
CPU　5,176
D（ドレイン）　158
dB（デシベル）　143
DRAM　176
E（エミッタ）　115
f（周波数）　34
F（ファラッド）　38
FET　161
G（ギガ）　20
G（ゲート）　158
G電極　158
H（ヘンリー）　47
I_B-V_{BE}特性　122
I_C-I_B特性　123
I_C-V_{CE}特性　124
IC　165
j（虚数単位）　36
k（キロ）　20
K（カソード）　107
KCL　28
KVL　28
L（自己インダクタンス）　47
LCR回路　78
LED　64,108
log　144
LPF　48
LSI　165
m（ミリ）　20
M（メガ）　20
MOSFET　161
MOS型電界効果トランジスタ　161
MOSトランジスタ　158
n（ナノ）　20
NANDゲート　171
nMOSトランジスタ　166
N型半導体　92
p（ピコ）　20
pMOSトランジスタ　166
P型半導体　93
RC回路　41,48
S（ソース）　158
V（ボルト）　14
V_{BE0}　129
Z_C　40
Z_L　47
Z_R　40
α（電流伝送率）　119
β（直流増幅率）　119
μ（マイクロ）　20
Ω（オーム）　14
ω（角周波数）　34

ア行

アイドリング電流　123
アナロジー　16
アノード　107
余った手　92
アンテナ　3
アンプ　126
アンペア　14
アンペール　14
位相　44

インゴット　89
インジウム　92
インダクタ　46
　　──のインピーダンス　47
　　──を使った回路　50, 52, 74
インバータ　168
インピーダンス　40, 43
　　──が複素数　45
　　──を使った回路　40
ウエハ　89, 157
液晶　3
エッチング　163
エミッタ　115, 120
エミッタ接地増幅回路　131
演算増幅器　140
オイラーの式　36
オーム　14, 15
　　──の法則　15
オシロスコープ　35
オペアンプ　139
温度特性　106

カ行

解の公式　77
回路　12
　　──図　12
拡散　94
角周波数　34
過減衰　80
加算増幅回路　147
カソード　107
片対数グラフ用紙　57
カットオフ周波数　50
過渡現象　63
カレントミラー回路　152
観測　37
キーボード　5
ギガ　20
機能飢餓　182
機能単価　177

逆方向接続　99
キャパシタ　38
共振角周波数　53
共振状態　53
極形式　36
虚数単位　36
キルヒホッフの法則　28
キロ　20
金属　85
空間電荷　96
空乏層　96
クーロン　38
　　──力　86
計算機　9
ケイ素　88
携帯電話　3, 8
ゲート　158
減衰振動　79
元素周期表　91
コイル　46
高集積化　186
合成
　　──インピーダンス　42
　　──抵抗　22
高速化　186
交流　33, 102
　　──回路　33
声　8
コレクタ　115, 120
コンデンサ　38, 64
　　──のインピーダンス　43
　　──の充電　67
コンピュータ　9

サ行

差動増幅回路　150
三角関数　34
サンドイッチ構造　115
自己インダクタンス　47
仕事　11

索引　195

指数関数　37
システム　127
システム LSI　189
自然対数の底　36
実効値　35
時定数　71
ジャンク品　5
周期　34
集積回路　165
重低音回路　48
自由電子　86
十分時間がたった後　70
受信　8
順方向
　――接続　98
　――電圧　110
省電力化　186
シリコン　88
振動数　109
振幅　34
スイッチ　160
スケーリング則　185
スケルトン　2
スピーカ　3
正弦波　33, 127
正孔　93
静電容量　38
赤外線　109
絶縁体　158
絶対最大定格　106
絶対値　36
全波整流回路　105
送信　8
増幅　8, 126
　――器　126
　――作用　119
　――率　140
相補的　171
ソース　158

タ行

ダイオード　94, 97, 105
対数グラフ用紙　54
足し算　9
単結晶　89
知的好奇心　2
チャネル　159
直流　33
　――増幅率　119, 150
直列
　――回路　21
　――共振　54
抵抗　14, 40
　――器　13
　――のインピーダンス　43
定常状態　63
データシート　106
デシベル　143
電圧　13, 17, 19
　――増幅率　134
電位　19
　――差　19
電界　17, 86
　――効果トランジスタ　161
電気
　――信号　8
　――抵抗　14
　――的特性　106
電源　11
電流　11, 13, 17, 87
　――伝送率　119
　――の向き　87
等価
　――エミッタ抵抗　150
　――回路　22
　――ベース抵抗　150
動作点　129
導体　86

トランジスタ 113,115
　　——の静特性 121
ドレイン 158

ナ行

ナノ 20
二酸化シリコン 158
入力インピーダンス 142
ノートパソコン 5

ハ行

バイアス電流 123,129
バイト 178
パソコン 9
発光ダイオード 64,108
反転 160
　　——増幅回路 146
半導体 88,92
半波整流回路 103
光の三原色 110
ピコ 20
ヒ素 91
ビット 178
非反転増幅回路 149
微分方程式 68,76
ファラッド 38
フォトリソグラフィ 165
負荷 11
　　——線 132
複素数 36
復調 8
不純物 92
プラス極 87
プランク定数 109
分圧 27
平滑回路 103
並列
　　——回路 24
　　——共振 54
ベース 115,120

偏角 36
変調 8
ヘンリー 47
ホウ素 92
放電 72
包絡線 79
ホール 93
飽和電流 99
補助単位 20
ボルタ 14
ボルツマン定数 99
ボルト 14

マ行

マイクロ 20
マイナス極 87
マスク 162
水の流れ 16
ミリ 20
無限遠 19
メガ 20
メモリ 5,176
モータ 11

ヤ行

誘導起電力 46

ラ行

理想
　　——演算増幅器 141
　　——オペアンプ 141
両対数グラフ用紙 57
リン 91

ワ行

和音 147

著者紹介

秋田純一（あきたじゅんいち）

1970年名古屋市生まれ。
東京大学工学部電子工学科卒。同大学博士課程修了。
現在，金沢大学理工学域電子情報学類教授。博士（工学）。
専門は集積回路とその応用システムで，ユーザである人間の視点に立った
情報機器・システムに強い関心をもつ。
本業は，高機能な画像センサも専門。
http://akitall.jp

NDC 540　206 p　21 cm

ゼロから学ぶシリーズ
ゼロから学ぶ電子回路（まなぶでんしかいろ）

2002年 5月20日　第 1刷発行
2025年 2月13日　第13刷発行

著　者　秋田純一（あきたじゅんいち）
発行者　篠木和久
発行所　株式会社 講談社
　　　　〒112-8001　東京都文京区音羽2-12-21
　　　　　販売　(03)5395-5817
　　　　　業務　(03)5395-3615

編　集　株式会社 講談社サイエンティフィク
　　　　代表　堀越俊一
　　　　〒162-0825　東京都新宿区神楽坂2-14　ノービィビル
　　　　　編集　(03)3235-3701

印刷所　株式会社KPSプロダクツ・半七写真印刷工業株式会社
製本所　株式会社国宝社

落丁本・乱丁本は購入書店名を明記のうえ，講談社業務宛にお送り下さい。送料小社負担にてお取替えします。なお，この本の内容についてのお問い合わせは講談社サイエンティフィク宛にお願いいたします。
定価はカバーに表示してあります。
Ⓒ Akita Junichi, 2002

本書のコピー，スキャン，デジタル化等の無断複製は著作権法上での例外を除き禁じられています。本書を代行業者等の第三者に依頼してスキャンやデジタル化することはたとえ個人や家庭内の利用でも著作権法違反です。

Printed in Japan
ISBN978-4-06-154664-3

講談社の自然科学書

ゼロから学ぶ電子回路　秋田純一／著	定価 2,750 円
ゼロから学ぶディジタル論理回路　秋田純一／著	定価 2,750 円
はじめての電子回路 15 講　秋田純一／著	定価 2,420 円
新しい電気回路＜上＞　松澤 昭／著	定価 3,080 円
新しい電気回路＜下＞　松澤 昭／著	定価 3,080 円
はじめてのアナログ電子回路　松澤 昭／著	定価 2,970 円
はじめてのアナログ電子回路 実用回路編　松澤 昭／著	定価 3,300 円
世界一わかりやすい電気・電子回路 これ 1 冊で完全マスター！　薮 哲郎／著	定価 3,190 円
基礎から学ぶ電気電子・情報通信工学　田口俊弘・堀内利一・鹿間信介／著	定価 2,640 円
LTspice で独習できる！はじめての電子回路設計　鹿間信介／著	定価 3,080 円
GPU プログラミング入門　伊藤智義／編	定価 3,080 円
イラストで学ぶ ロボット工学　木野 仁／著　谷口忠大／監	定価 2,860 円
イラストで学ぶ ヒューマンインタフェース 改訂第 2 版　北原義典／著	定価 2,860 円
イラストで学ぶ 離散数学　伊藤大雄／著	定価 2,420 円
イラストで学ぶ 人工知能概論 改訂第 2 版　谷口忠大／著	定価 2,860 円
イラストで学ぶ 情報理論の考え方　植松友彦／著	定価 2,640 円
問題解決力を鍛える！アルゴリズムとデータ構造　大槻兼資／著　秋葉拓哉／監修	定価 3,300 円
しっかり学ぶ数理最適化 モデルからアルゴリズムまで　梅谷俊治／著	定価 3,300 円
詳解 確率ロボティクス　上田隆一／著	定価 4,290 円
はじめてのロボット創造設計 改訂第 2 版　米田 完・坪内孝司・大隅 久／著	定価 3,520 円
ここが知りたいロボット創造設計　米田 完・大隅 久・坪内孝司／著	定価 3,850 円
はじめてのメカトロニクス実践設計　米田 完・中嶋秀朗・並木明夫／著	定価 3,080 円
これからのロボットプログラミング入門 第 2 版　上田悦子・小枝正直・中村恭之／著	定価 2,970 円
OpenCV による画像処理入門 改訂第 3 版　小枝正直・上田悦子・中村恭介／著	定価 3,080 円
はじめての現代制御理論 改訂第 2 版　佐藤和也・下本陽一・熊澤典良／著	定価 2,860 円
詳解 3 次元点群処理　金崎朝子・秋月秀一・千葉直也／著	定価 3,080 円
ゼロから学ぶ Python プログラミング　渡辺宙志／著	定価 2,640 円
ゼロから学ぶ Rust　高野祐輝／著	定価 3,520 円
新しいヒューマンコンピュータインタラクションの教科書　玉城絵美／著	定価 2,640 円
やさしい信号処理　三谷政昭／著	定価 3,740 円
やさしい家庭電気・情報・機械　薮哲郎／著	定価 2,310 円
単位が取れる 電磁気学ノート　橋元淳一郎／著	定価 2,860 円
単位が取れる 電気回路ノート　田原真人／著	定価 2,860 円

※表示価格には消費税（10%）が加算されています。

2025 年 1 月現在

講談社サイエンティフィク　www.kspub.co.jp